汉竹主编⊙健康爱家系列

金牌川菜

郝振江 / 著

江苏凤凰科学技术出版社
全国百佳图书出版单位

大红袍花椒

大红袍花椒是四川省使用最多的调料之一，也是五香粉的原料之一，常用于配制卤汤、腌制食品或者炖制肉类，有去膻增味的作用。

郫县豆瓣酱

"郫县豆瓣"已经有三百多年的传承历史，尽管现代的制作工艺使"郫县豆瓣"制作周期不断缩短，但在老郫县人心目中，只有在郫县用传统方式生产出的郫县豆瓣才是正宗的。

⊙金川

独头蒜

说到蒜头，人们一般会认为是能掰成一瓣一瓣的大蒜，而四川地区有一种特别的蒜是完整的一个，当地称它为独头蒜。独头蒜多用于制作较高档的菜肴。

二荆条辣椒

二荆条辣椒是四川特产之一，与一般辣椒的辣味不同，最主要的特点是微辣且香，辣而不燥。

正路花椒

正路花椒又名"南路花椒"。四川花椒品种繁多，正路花椒为主要的花椒品种，盛产于汉源、西昌、冕宁等县。

◎西昌

青花椒

青花椒可去除各种肉类的腥气，从中医的角度上来说，有芳香健胃、温中散寒、除湿止痛、杀虫解毒、止痒解腥的功效。

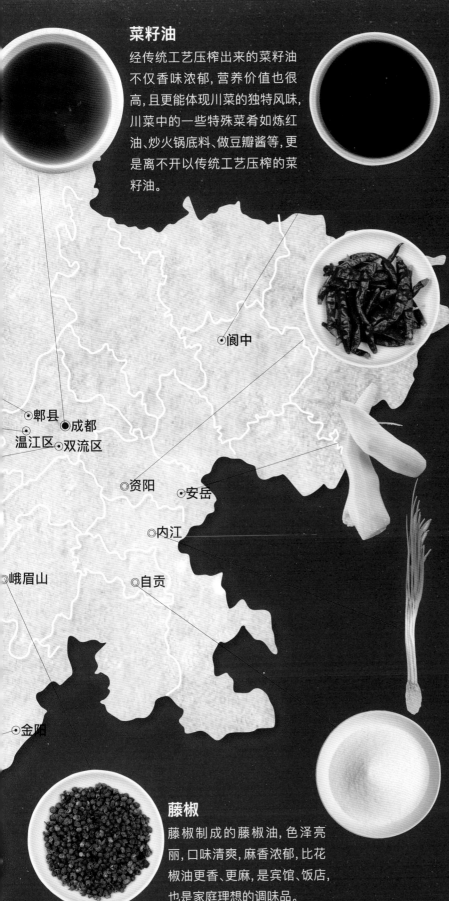

菜籽油

经传统工艺压榨出来的菜籽油不仅香味浓郁，营养价值也很高，且更能体现川菜的独特风味，川菜中的一些特殊菜肴如炼红油、炒火锅底料、做豆瓣酱等，更是离不开以传统工艺压榨的菜籽油。

保宁醋

川菜讲究佐料，不仅少不了郫县豆瓣，而且也少不了保宁醋。全国风靡的川菜与保宁醋有着密不可分的关系，川味中的酸，用的一定是保宁醋。用保宁醋制作的川菜色泽棕红，酸味柔和，闻起来让人陶醉。

小米椒

小米椒也是辣椒的一种，又叫朝天椒，个头小，没成熟之前为淡绿色，成熟后为橙黄色，晒干后为红中带有橙黄色，而非大红色。

仔姜

川菜的调味讲究个性鲜明，突出某一种或多种风味，姜的辛辣味自然成为川菜味型之一。早期主要使用老姜，近年来在凉菜和热菜方面都较偏向用仔姜入菜。

香葱

香葱大多使用葱叶部分，且用量一般也较多。香葱颜色翠绿，常用来点缀菜肴，为菜肴增色和提香。

川盐

川盐也就是井盐，源自地底数百米到上千米的高纯度盐水，形态细小而洁白，口味纯正。不是只有咸味，还含有丰富的矿物质等微量元素。

藤椒

藤椒制成的藤椒油，色泽亮丽，口味清爽，麻香浓郁，比花椒油更香、更麻，是宾馆、饭店，也是家庭理想的调味品。

阆中

郫县　成都
温江区　双流区

资阳　安岳

内江

峨眉山　自贡

金阳

前言

鸡豆花，极致、细腻、汤清见底，"吃鸡不见鸡。"

很多传统川菜快要失传了？

最难做的川菜竟是不辣的川菜？

北京四川饭店总厨师长郝振江的川菜心经，在本书中倾囊相授！ 120道菜品道道精妙，听郝大厨娓娓道来，细细解析，手把手教你做出传统、正宗的蓉派川菜。

人们眼中的川菜是麻辣的，这几乎是一个固有的观念了。而实际上，川菜博大精深，味型众多。川菜将各种食材巧妙搭配，以不同的工艺，不同的调味手法，变化出丰富多样、让人陶醉的各种风味。

独门国宴名菜、经典凉菜、传统热菜、风味小吃，从特点到做法，从摆盘到名厨秘诀，都一一呈现，尤其是名厨秘诀，更是凝结着郝振江大厨多年来的心血和经验。

本书介绍的川菜不仅好看好吃，还更注重营养功效，善于荤素搭配，把食材的营养价值发挥得恰到好处。

打开本书，跟着里面的步骤一步一步去学，你也将迅速成长为川菜大厨哦。

目录

风味小吃

四川火锅的制作方法　222

家乡味太好了!

在中国著名的菜系里，川菜以其味多、味广、味厚而独具风味，讲究"七滋八味"，面面俱到，素有"一菜一格，百菜百味"之誉，世称"食在中国，味在四川"。1982年中央领导第一次在四川饭店宴请西哈努克亲王，西哈努克说："今天的菜很好，我吃得肚子都圆了。"中央领导也非常高兴，由衷地赞叹"家乡味太好了"！并跟厨师们一起合影。

打开尘封的记忆，北京四川饭店有着得天独厚的地理环境：坐落在西绒线胡同王府大院中，其古香古色的建筑和装修风格与传统的饮食文化达到近乎完美的融合。北京四川饭店是在中央领导的倡导和关怀下成立的，并由中央领导亲自定名，由郭沫若先生亲笔题匾，于1959年10月正式开业。在当时是北京第一家，也是唯一一家专门经营川菜的高级饭庄。

据说，当年想品尝四川饭店的川菜，当天来是吃不到的，宴会自然是要预订的，即使是零点散客也需要头天晚上提前排队来取"候餐牌"。新老顾客慕名而来，庭院车水马龙，餐厅摩肩接踵，厨房里更是忙得不亦乐乎，一道道香飘四溢的一流佳肴呈现在每一个厅堂，宾客们在古香古色中品尝天府佳味，觥筹交错，平添无限情趣。

无论是四大菜系还是八大菜系，或是一直发展到今天的十大菜系，川菜总位居在几大菜系之首，因为它所涵盖的内容以及它在时节范围内和人类历史范围内所适应的面比起其他菜系更为广泛。川菜擅用麻辣，但并不都是麻辣，所以这个观念必须在人们的认识当中能真正纠正。四川饭店的四川菜是在重庆、成都、宜宾包括一些边远山区，特别是在一些著名山区菜的基础上经过归纳、整理、提高而来，不仅符合北京等北方人的口味，海外慕名而来者也不乏其人。

历经半个多世纪的饮食文化沉淀和烹调技艺积累，四川饭店逐渐形成了具有独到风味风格与特点的"四川饭店川菜"体系，被中外宾客、业内业外一致誉为具有皇家气派的"王府川菜"，并有"北京川菜第一家"的美称。

1982年，中央领导在四川饭店宴请西哈努克亲王，并赞叹说"家乡味太好了"！

最难做的川菜竟是不辣的菜

开水白菜看起来味道寡淡，实则极其鲜美。

很多人以为，川菜均以麻辣来彰显个性，最难做的自然是麻辣口味了。其实不然，最难做的川菜却是不辣的菜，开水白菜就是一个杰出的代表。这道菜是四川的传统名菜，在当时的川菜里，这道菜是可与山珍海味并肩的头等好汤菜。最初是由名厨黄敬临在清宫御膳房时创制的，后来川菜大师罗国荣调来北京饭店掌厨，又将开水白菜的烹调技术带到北京，成为该店高档宴席上的一味高级高汤菜肴，并广为流传。

川菜业内有"开水白菜做不好，名厨名师也枉称"的说法，可见这道菜的做法非同一般。千万不要以为"开水"就是"白开水"，这里的"开水"实际上用的是极其讲究的上汤，用老鸡、老鸭、火腿、肘子、干贝等上等原料熬制成汤再配以精湛的烹制技术熬制的。高汤的特点是汤清如水，清澈见底，鲜香味浓，最重要的是汤中不见一滴油星，看上去就像白开水一样。之所以取了这么个普通的名字，也是反其意而用之，有"人不可貌相，菜名不可望文生义"之意。

用的虽然是普通的白菜，但是它的选材却非常苛刻，一大棵白菜，要选用中间极嫩的一小束菜心，三层帮叶左右，而且要成棵状不能散。

关于开水白菜，四川饭店有很多有趣的故事。最著名的一个是中央领导宴请日本贵宾时，那位女宾客看到上来的菜只在清清淡淡的水里浮着几棵白菜，认定是寡淡无味，一直不肯动筷。在中央领导几次盛情邀请之下，女宾客才勉强用小勺舀了些汤品尝，不料味道竟是如此鲜美，随即大快朵颐，并问为何开水煮白菜竟然会如此美味。

再举一个鸡豆花的例子。鸡豆花是一道具有独到风格与特点的咸鲜口味名菜，制作完成的菜品色泽洁白，成团不散，质地细嫩，咸鲜味美，汤清澈见底，且汤中无一物。品尝到鸡豆花的美味后，食客们无不赞叹：鸡肉竟可以做出如此美妙的汤菜，真是不可思议！而鸡豆花一般只有在规格较高的宴请大会上才会烹制，高规格的宴请也十有八九会以这道菜作为汤菜，并且经常用来招待国内外宾客，尤其是年长一些的老同志对此菜更是喜爱有加。

鸡豆花表面看来用料非常简单，只有汤汁和鸡豆花，然而用料简单并不等于菜肴做法简单，从某种意义上来讲，这样的菜肴做起来反而更难，想要做好，更是不易。有一种普遍的规律是，程序越简单，各程序间的因果关系越紧密，鸡豆花正是如此。鸡豆花的制作程序可分为鸡肉的制蓉、鸡蓉浆的调制、鸡蓉浆在汤中的冲调。每一道程序的完成都需要厨师拿出他最高的技术水准来，不管是哪个程序出了错，下一道程序再想补救都是来不及的。

鸡豆花吃鸡不见鸡。

说说川菜的七滋八味

川菜以成都、重庆菜为代表，以其风格特色流行于大江南北。川菜是中国最有特色的菜系之一，也是民间最大的菜系，主要特点在于味型多样，具有"一菜一格，百菜百味"的特殊风味。川菜在烹调手法上有炒、煎、干烧、炸、熏、泡、炖、焖、烩、贴、爆等38种之多。在口味上特别讲究色、香、味、形，以味的多、广、厚著称，历来有"七滋"（甜、酸、麻、辣、苦、香、咸）和"八味"（干烧、酸、辣、鱼香、干煸、怪味、椒麻、红油）之分，并由宴席菜、大众便餐菜、家常菜、三蒸九扣菜、风味小吃等五个大类组成一个完整的风味体系。其中最负盛名的有干烧桂鱼、鱼香肉丝、宫保鸡丁、粉蒸肉、麻婆豆腐、夫妻肺片、担担面、赖汤圆、龙抄手等。

家常味

家常味的特点是浓厚醇香，咸鲜微辣。"家常"意指家庭常备，也就是说家常味的调料取材非常方便，为家庭日常材料。通常必需的调料有酱油、豆豉和郫县豆瓣酱，其中郫县豆瓣酱决定了家常味八成以上的醇香与咸鲜微辣风味。为了突出家常味的特点，郫县豆瓣酱的用量在一定范围内要尽可能多一些。但郫县豆瓣酱本身咸味较重，要注意咸味的控制。

麻辣味

川菜常用味型之一。麻辣味的特点是咸鲜热烫，解腻助消化。麻辣味的重点是要控制好辣椒末和花椒末的比例，比例不合适就会有空麻空辣的现象，影响整体风味。辣椒末用量以菜肴颜色红亮，香辣味突出为准；花椒末用量以菜肴香麻味突出又不反苦味为准。麻辣味调制的重点是咸味要够，咸味不够，整体滋味便空洞而缺乏厚实感。

鱼香味

鱼香味是在葱、姜、蒜、糖、醋、泡辣椒（又称鱼辣子）的组合下而形成的一种独特风味，色泽红亮，鲜辣爽口，蒜香味突出。此味型为川菜的特有风味，因其烹制出的菜肴带有鱼香的味道而得名。鱼香味咸、甜、酸、辣互不压味，葱、姜、蒜味突出。

酸辣味

酸辣味在川菜中使用较多，属于爽口的味型，主要特点是酸辣清爽，鲜美可口。酸辣味使用的辣椒来源不同，有鲜辣椒、干辣椒、红油或胡椒等，分为香辣和鲜辣两种。而酸味的来源也非常多样，有基本的各种醋，也有经过复合工艺制成的各种酸汤。酸辣味在调制的时候有一个基本原则就是"盐咸醋才酸"，同样分量的醋会因为咸度不同而有不同的酸度，咸度不足的时候酸香味也会变得薄弱。概括地说，应取"咸味为基础，麻辣为主味，香鲜辅助味"的调味手法。

糖醋味

糖醋味酸酸甜甜的，鲜香可口，是一种很受欢迎的味型，入口醇厚而后又转变为清淡酸香味。因为醋的酸与香具有和味、改味的特点，因此有明显的除腻作用。醋与糖的比例一定要控制好，以免糖醋味压过食材本来的味道。

煳辣味

煳辣味的特点是荔枝味突出，麻辣适口而不燥，鲜香醇厚，分为煳辣小荔枝味和煳辣大荔枝味两种，区别在于酸甜程度不同。煳辣味很明显是以煳辣椒的香气作为主调，再调以花椒的香气和糖、醋的甜酸味，经过奇妙的变化，产生像荔枝一样的风味。煳辣味的菜肴带有水果的酸甜味，同时带有咸味，食者在酸甜味的感觉上是一个先酸后甜的过程。若是甜、酸味浓而鲜明，加上咸味不明显就成了糖醋味，这是做煳辣味菜品需要特别注意的地方。

椒麻味

椒麻味的特点是咸鲜清香，风味幽雅，以葱和花椒为主要配料，加香油提香。注意在配制的时候要使用葱的葱叶部分，其清香味才浓。椒麻味搭配咸甜味浓的食材滋味会更丰富，用滚油冲入剁碎的葱、花椒中，可以使其香味更浓，但油量要控制好，避免产生油腻感。

荔枝味

味似荔枝，酸甜适口。多用于热菜。以盐、醋、白糖、酱油、料酒调制，并取姜、葱、蒜的辛香气和味而成。调制此味时，须有足够的咸味，在此基础上方能显示酸味和甜味。糖略少于醋，注意甜酸比例适度。姜、葱、蒜仅取其辛香气，用量不宜过重。主要用于家禽家畜肉类及以部分蔬菜为原料的菜肴。如合川肉片、荔枝风脯等。

红油味

红油味色泽红亮，咸鲜微辣，入口回甜，是川菜凉菜中较为常用的味型之一。要想让川味凉菜更加香美，就要学会红油的制作方法。

麻酱味

麻酱味香味自然，香鲜爽口，口感鲜明。此味型重用芝麻酱，配以香油、酱油、盐、白糖等，以突出其香味。麻酱要注意用量并搭配本味鲜美或突出的食材为宜。

蒜泥味

蒜泥味的特点是蒜泥味浓厚，蒜味突出，鲜香辣中微微带甜，最适合作为下饭菜的调味品。蒜泥味主要取用新鲜蒜头的浓辛味，多用于凉拌。但蒜泥放久了会变味，隔夜后不宜食用，要现做现用。

怪味

怪味是川菜独有的味型，几乎用到了各种调料，集咸、甜、麻、辣、酸、鲜、香等味于一体，各味突出又互不压味，使得菜肴具有多种层次的味道。

糖醋松酥鱼是一道糖醋味的菜肴。

四川饭店的名厨轶事

北京四川饭店之所以久负盛名，与其有名师、名厨是密切相关的，饭店里可谓大师云集，且个个身怀绝技。

三元牛头方以三种颜色的蔬菜球围边。

担担面面条细薄，肉质香酥。

家常臊子海参咸鲜微辣，色泽红亮。

"国宝"级川菜大师陈松如

北京四川饭店首席厨师长、特一级烹饪技师陈松如先生是该店的开店元老。他自幼即拜川菜名师学艺，至今已有 50 多年的烹饪历史。在日常实践中，他融会各名家之长，不断发掘传统名菜，经他改良后推出的创新菜有几十种。他不仅技艺精湛，烹调理论也颇有造诣，形成了一套独有的烹调技法，曾多次应邀到各地传艺，对川菜理论的完善、川菜烹调技艺的提高和发展做出了贡献。陈松如在四川饭店任主厨期间，多次受到国家领导人和国外贵宾的高度赞誉。

1987 年 8 月，陈松如先生应新加坡"中国大酒楼"之邀率弟子进行知名川菜的技术表演与展卖。当时正值 8 月，是东南亚的暑热之季，整个活动期间，菜品要保证不重样，而且要兼顾因气候、习俗原因造成的人们对菜品口味的接受程度。陈师傅将菜品定位为以"国宴第一菜"家常臊子海参、"镇店大菜"鱼香熘明虾、四川牛头方为龙头。厨师未到，菜单就已经在中国大酒楼上展示了，陈师傅的工作照更使菜单添彩生辉，连续数天的展卖菜肴很快就被预订一空，盛况空前。菜品展卖第一天，当地的市政官员品尝了大师的精湛手艺后都点头称赞，还有人当场表示，希望有机会能到北京四川饭店一饱口福。展卖会第三天的晚上，李光耀和新加坡政府的一些官员也亲临中国大酒楼，品尝了陈师傅亲手制作的鱼香明虾卷、四川樟茶鸭、担担面等名菜与小吃，并给予了高度赞赏。次日当地报纸便以《国宝级大师献技新加坡轰动狮城》为题进行了专题报道。陈师傅新加坡献技的极大成功为大师及饭店赢得了令人瞩目的声誉，后来有许多新加坡宾客慕大师之名专程来饭店就餐。

北京四川饭店大门。

原四川饭店总厨师长郑绍武

川菜大师、原四川饭店总厨师长郑绍武先生，一个传统的北京人如何与川菜结下的不解之缘，还得从他40多年前踏进四川饭店那天开始。

1971年，20岁的郑绍武进入北京市第一服务局举办的厨师培训班学习川菜，毕业后分配到四川饭店工作，在厨师岗位上一干就是40多年。郑绍武是川菜大师刘少安、陈松如的得意弟子，不仅精通各种川菜技艺，而且推陈出新，形成了自己特有的技法，出版了多部专著，成为国家级评委、中国烹饪大师。

几十年来，郑绍武服务过的国家元首、社会名流数不胜数，但他从来不与名人合影，也从不把为一些名人主厨之事挂在嘴边。别人问他时，他只说"我做的是服务业，给谁做都一样。没什么好炫耀的，把菜做好是厨师的本分"。

冷菜大厨陈如森

四川饭店冷菜厨房的掌门人陈如森师傅平易近人，他总是还没开口说话就先让人看到微笑了，让人感觉很亲切。

陈师傅做的传统小菜之上品蒜泥白肉可谓一绝，此菜享有"镇席冷菜"的美誉。肉片薄如纸片，肥瘦相间，皮肉相连，质脆不绵，加上香辣味美的蒜泥味汁的调佐，真是难以抵挡的美味，有时客人一份没品尝够还会再点上一盘。

川菜厨师中有这样一种说法：冷菜厨师如果味汁调制的不好，即使刀功再好、刀技再精也是不称职的。可见调味汁的重要性。川菜中的冷菜向来都是以口味来衡量质量高低的，厨师只要进了冷菜厨房，他就要拿出很多精力来学习各种味汁的勾兑。

何谓调味汁呢？川菜业内规定，用于某些菜肴口味调制的所有调味品都要先放在一起，相互融为一体呈汁状，这样有味道的、专门用来调剂菜肴口味的汁液就称为调味汁。调味汁味型很多，技术很难掌握，而陈师傅调制冷菜味汁不但信手拈来，而且恰到好处，数十年积累的川菜调汁功底即刻呈现。

此外，陈师傅还有一手精湛的雕花拼摆技艺，只用一把小刀，很短的时间就能在各种瓜果上雕刻出各种花卉、山水、蝴蝶、小鸟等造型，情趣盎然，栩栩如生，美不胜收，令同行们叹为观止。"孔雀开屏""丹凤朝阳""熊猫戏竹""喜鹊登梅"等图案更是形态逼真，巧夺天工。尤其是他的"大展宏图"更有鬼斧神工之妙：雄狮稳坐，二目圆瞪，鸟瞰前方，让人精神振奋，感到摆在眼前的不仅仅是美味佳肴，还是美轮美奂的艺术品。有一次外宾还端此拼盘专门拍照留念。

郝厨师自述:

26 岁时当上四川饭店总厨师长

刚去四川饭店就初露头角

我是 1990 年上的职业高中,上了大概 2 年的时间,实习期间被分在北京的一个酒楼。当时的那个酒楼在北京也是非常有名气的,那里的师傅都非常好,不仅在各方面非常照顾我,而且向我传授各种技艺。但是我总感觉他们那里的菜品相对来说较平淡,多以咸、鲜味为主。其实当时的川菜在北京的市场还不是那么火爆,在那个酒楼待了还不到一年的时间,当时管实习分配的老师跟我介绍说,四川饭店里面的技师都非常出色,当时老二级、特二级的技师在北京可以说是凤毛麟角了,但在那时的四川饭店却拥有很多位这样的技师。

1991 年 3 月份,为了学习更多烹饪方面的技艺,我把那边的工作辞掉了,以一个实习生的名义到了四川饭店。到店里之后,因为已经有与我同届的实习生在那里工作,所以我很快就融入到了集体当中。

当时的实习期是半年左右时间,但我在那儿工作仅 3 个月后,便因各种表现都很好而被店方破格留用了。当时四川饭店分为外餐厅和内餐厅,外餐厅主要是一个零点餐厅,也就是负责零散客人点餐的炒制;内餐厅主要负责宴会宴席,基本上不接受零点,全都是以宴会宴席形式出现的。

我刚到四川饭店时是在外餐厅工作。我在外餐厅接触的都是川菜的家常菜或者家常小炒。第一份工作是在切菜间,具体工作是负责最初的原材料识别到原材料的初加工,这份工作干了有大概半年的时间。虽然工作比较杂乱、繁琐,但我手脚勤快,干完活后就站在当时的大厨旁边看他们炒菜。偶尔也会有师傅叫我上灶去练习,还会传授心得给我,慢慢地通过这种练习和各位师傅的指教,就把基本功给打好了。

这样一晃大概有两年的时间,大概在 1993 年,四川饭店宴会厨房改造装修。宴会厨房改造之后,把宴会厨房的所有的师傅全都调到了零点厨房,统一在零点厨房这个外餐厅,这样等于是两个餐厅、两个厨房合并在了一起,包括宴会、零点全都在一个厨房出菜。这样又给了我一个很大的学

郝振江厨师在炒制川菜。

习空间，因为能够亲眼看到这些师傅操作传统宴席菜的具体步骤以及手法。宴席菜的烹制和我的想象完全不一样，因为它有很多材料需要前期加工和准备，包括一些手工的菜品、高汤等，这些我以前从未接触过的东西，都逐渐地接触到了。

郑绍武先生收我为入门弟子

在1993年两个厨房合并的时候，还发生了一件特别有趣的事情。当时店方领导要宴请一个很重要的客人，合并厨房后空间比较狭窄，就几个灶眼，而灶上师傅却很多，导致有些师傅会无法上岗，正好赶上出菜的时候服务员也没传达到，结果这一桌子宴席菜有一半都是我炒的。

之后餐饮部经理来到厨房，问干煸牛肉丝是谁炒的。当时这些师傅都面面相觑，谁也不知道是哪位厨师炒的。我心想可能是把菜炒砸了。带着忐忑的心情跟餐饮部经理说这是我炒的，他看了我一眼，什么也没说，扭头就走了。

这件事我以为就这样过去了，当时心里还挺紧张的，就怕是炒砸了。作为一个厨师来说，如果菜做不好，那就是最大的失误。过了差不多半个月时间，宴会厨房就都弄好了，原来宴会厨房的厨师也都回去工作了，正当我以为一切将恢复原来的工作步调时，那边的餐饮部经理找我谈话，告诉我要调我到宴会厨房工作。我很高兴。

后来从一些师傅口中得知，我上次的菜炒得非常好，领导和客人的评价非常高，所以店里想重点培养我。作为一个入行时间不长的实习生来说，这真的是一个很大的荣誉，是对我努力工作的认可。而且这对于实习生转正也是一个特别好的机会。

在两个厨房合并期间，有一个师傅教过我，后来因为店里有外派劳务要出国工作，出国之前，他找店里领导谈话，他的原话我还记得很清楚，他说"别的孩子可以离开这儿，这孩子你别让他离开，这是个好苗子，可以重点培养"。

初到宴会厨房时，我也是从最基本、最基础的工作开始慢慢熟悉。过了大概有半个月时间，就把我调到火上了。在这个期间，店里边又举行了一个大的活动，安排当时四川饭店的行政总厨师长郑绍武先生收徒，把我和另外一个同事收为徒弟。那是郑师傅第一次收徒，也可以说我是他的大徒弟。全店的职工一起给我们举办了收徒仪式，店领导做见证人，我们双方都签署了协议，包括师带徒的协议。然后郑师傅就一直传授给我各种菜品的技艺。

郝振江厨师为人豁达，亲和力强。

工作中的郝厨师非常认真。

当时四川饭店是两班倒，每人每天都只上半天班，这个星期你上上午半天，下个星期就上下午半天。我在宴会厨房是从1993年的三四月份一直到1995年的5月份左右大概工作了2年时间。

在这2年里我基本上就没有休息过，上午半天在宴会厨房这边炒菜，下午半天回到外餐厅炒菜或者切菜。就这样坚持了将近2年时间，期间基本没有休息日，日复一日地坚持各种的练习。

付出与收获是呈正比的。伴随着日复一日的刻苦练习，技艺一天比一天熟练，一天比一天扎实。现在回想起来，这在当时是一个非常难得的机会，因为在其他企业可能没有这种机会。当然，这期间也碰到了一些阻碍和不理解，尤其是身边的同龄人。但我始终觉得这是一个锻炼的机会，而且两个厨房的工作我都比较熟悉，凭着一股坚强的信念我坚持了下来。时至今日，我仍然觉得那段时间的练习为自己烹制方面的工作起了一个很好的基石的作用。

外餐厅的故事

当时在外餐厅的时候，还有一个特别有意思的小故事。就是在切菜间那会儿，零点厨房也不是特别忙，我就炒了一个宫保扇贝，这件事的印象特别深刻。炒完之后，自我感觉相当满意，包括汁、芡、色泽、亮度都很不错。没想到的是，一个师傅站在旁边说，这个菜炒得哪儿都好，就是有一个毛病。哎呀！我足足看了有三四分钟也没看出到底哪儿有毛病。师傅站在旁边，又说了一句，没放小料。我这才恍然大悟，这个小料其实就是葱、姜、蒜，川菜非常讲究用葱、姜、蒜，菜里如果没放小料，第一，它起不到去腥增香的作用；第二，菜出来之后确实是别扭。如果师傅不点明这个问题，我看半天也看不出毛病。经过这件事之后，就深深的记在了心里，再炒所有的菜品时，小料、配料一样都不能落下。

我成为四川饭店总厨离不开师父的教诲

1995 年，四川饭店和香港合作改成了会员制。师傅郑绍武带领我们开了第一家分店，地点在恭王府的后花园，也就是和珅的后花园。这家店非常有特色，它在柳荫街，整个背景都是和珅的后花园，当时的装修风格也是这种古香古色的，很贴近四川饭店的特色。

1995 年 6 月，因为分店在装修，师傅就带着我们就到了另外一家企业，在那里工作了大概有一年时间。当时师傅真是用心良苦啊，不再像在四川饭店那会儿手把手地教你怎么做，而是完全放手。通过这一年的时间，我们丰富了川菜菜品，也把厨房重新做了设计。其实这是一个非常好的契机，将所有的管理，包括日常菜品的规划都交给我，目的是有意地培养我，为将来四川饭店分店开店做着准备。

北京四川饭店店内摆设。

但刚开始时也不是特别能理解，觉着师傅什么都不管，问什么都让我自己看着办。过了一段时间之后才明白了个中原委，对所有事情也就非常上心了，包括原材料的进货，每天的售卖量，每天备多少货……一开始摸不着头绪，不知道怎么弄，有时候会断货，有时候又会有剩余。经过一段时间的摸索，慢慢对这方面有了很深的理解，既能保证满足顾客的需求，也能保证不使储备的材料发生浪费的现象。

虽然在另一家企业签的工作合同是1年，其实只到第7个月的时候，就已经都回到恭王府店工作了。那时大的装修都已经完成，只需打扫卫生、灶具调试等一些细节的工作。

随着时间的推移，郝师傅沉淀下来的东西也越来越多。

慢慢地随着工作人员的增加和硬件设施的完善，恭王府这家店在1996年正式开业了。开业时是宾客满堂，西绒线胡同的老顾客知道我们搬到这里之后，全都到店里就餐。当时的生意非常好，因为一拨由郑绍武师傅亲手带出的徒弟全都在这一家店，所以那会儿的技术力量非常强。

在那里一干就到了2009年，也就是从1996~2009年十几年的时间。在这段时间里，发生了很多有趣的事，也遇到了很多坎坷。开始的时候，因为年纪小，比较贪玩，觉着自己之前打下的基础和别人比起来有些优势，有点飘飘然的感觉。

郑绍武师傅是一个很内敛的人，有些事他不会挂在脸上，但会用一些其他的行动指点我。比如说比较忙的时候，他总会第一个来到厨房，准备材料。当时不理解师傅为什么每天来这么早，我每天都是踩着点才到。后来才想明白，师傅把材料都预备好了，虽然师傅的技术已经非常棒了，而且在北京市川菜界来说是数一数二的人物，但是他还要这么做，其实就是以自己的行动来点拨我，点化我应该怎么去做。从那之后我也会提前到岗，把一天需要用的原材料都给备足。

1997年年初，因为外派劳务我出去工作了大概一年半的时间。在外面工作的时候，深感自己有些方面还是有欠缺的，更深一层地领悟到了师傅的良苦用心。1998年6月份外派劳务结束后，我又回到了恭王府店，这时我觉得自己成熟了许多，经过在外一年多的锻炼，包括社会餐饮、管理、人文和待人接物，真心感悟到有一个好师傅比什么都强。回来之后真正的静下心来去工作，不再像以前那么贪玩，毛毛躁躁了，还真的能踏踏实实去思考一些东西，去琢磨一些菜。

这段时间，恭王府店也遇到了一些小坎坷，生意不是特别好。当时为了吸引更多顾客，不断推陈出新，将一些老菜大胆创新。1998年后一年

很多人慕名而来，每到用餐的时候厨师们都会很忙碌。

多的时间过得既平凡又充实，1999年年底，店方的领导考虑到工作的需要，也包括在日常工作当中的表现，大胆地起用新人，把我提拔为四川饭店恭王府店的总厨师长，当时我26岁。

26岁的我对于管理四川饭店的厨房来说，真的很有难度。而郑绍武师傅却对我说"没关系，大胆去干，我会在后面支持你"，当时特别感动。我26岁时就接管厨房。当时厨房里的员工我是年纪最小的。这个厨房该怎么管，真是觉得没法下手，没法去管，但是身上又挑着这副担子。后来师傅手把手教我应该怎么去做，不仅要把具体工作处理好，更要跟师傅、师哥搞好关系。从1999年正式接手做厨师长到现在，其中的辛酸只有自己才能体会。

因为之前都是同事关系，突然之间变成上下级关系，这是一个完全不同的概念，同事之间什么都可以说，但是上下级之间有些话要是说不到就是管理失误，有些话说重了又感觉拿了官腔，我当时年纪小，阅历不够，让人从心理上感觉不服气。但随着时间的推移，和师傅师哥他们之间有了更深的接触，经历了半年多的时间一切就磨合顺了，使厨房工作开展得越来越顺利。当时我们一共起用了3个新人，店里的经理比我大10岁，餐厅经理比我小5岁。当时四川饭店有6家店，恭王府这家店是招牌店，虽然当时我们这个店的领导班子是年纪最小的，但我们的业绩却是最好的。

霍金先生来四川饭店用餐

随着工作开展的越来越顺利，一些国家领导人包括一些社会知名人士到这里来用餐的也逐渐增多，恭王府店接待了很多国家领导人和中外名流。

恭王府店因为其得天独厚的地理位置（它是和坤王府的后花园），后花园里有很多很知名的景点，比如"福字碑"，"福字碑"上面有邀月亭，邀月亭是赏月的地方，我们就会有量身打造的宴会形式在那儿呈现。从盛菜的器皿到菜品的设计，包括成菜的造型都有着很严格的要求。由此，每次宴会结束之后，四川饭店恭王府店都会得到好评。

比较知名的社会知名人士物理学家霍金先生也到恭王府店就餐。霍金先生当时来中国访问的时候，安排在恭王府用餐。这一餐从上到下都非常重视，包括我们的店领导和北京市的领导们当时都到了现场。因为霍金先生是一个举足轻重的人物，所有菜品都是我给他设计的，并且由我掌勺烹制。

我设计完菜单后霍金先生的团队也给予了认可，但用餐的那一天，霍金先生说他不能吃油腻的东西，所以我又临时给他单独设计了一个菜单，这个菜单相对第一份菜单来说更清淡。在他用餐的过程中，因为服务员按正常顺序上菜，上完菜大概有10分钟的时间，举办方就找到我，让我到宴会厅去见霍金先生。宴会有3桌，大概有30人。我到了宴会厅之后，所有的人都起立鼓掌，我很紧张，心想这是为什么呢。这时他们的翻译跟我说，今天的宴席非常成功，大家都非常满意。然后霍金先生用他的发声器说，我今天吃的这餐饭菜，是我在北京吃的最好的一餐饭。但我一看，我单独给他设计的那道菜，因为量较小，拿出来之后放在了一个托盘上并且基本上没怎么动。我心里想，这个菜没怎么吃怎么就说好呢？这时他旁边的助理看出了我的疑惑，解释说，霍金先生对这桌宴席非常满意，每道菜都没有落下。我说他不是不能吃油腻的吗？后来霍金先生自己解释说，他每样菜都少吃一点，但每一样都一定要品尝，因为这些菜不管是造型还是味道，包括他闻到的香味都非常诱人。当时霍金先生给予了很高的评价，又给我签字，最后一起合影留念。那个夜晚非常美好。尤其是后来霍金先生在现场又对菜品和中国饮食文化大加赞赏，我很骄傲，这件事给我留下了非常深刻的印象。

霍金先生来四川饭店用餐，给予了菜品很高评价。

门楼上的牌匾是由郭沫若先生亲笔题写的。

柏林市市长来四川饭店用餐

大概是在 1999 年的时候，柏林市市长来北京参加会议、考察及举行外事活动。在恭王府安排一餐，在当时来说这种招待级别已经很高了，当时四川饭店周边的交通和安保措施都非常严格。他们到店里后，首先召开了一个座谈会，然后才安排用餐。然而那天北京的天气非常糟，下起了暴雨，不巧在地安门附近的一个大的变电箱出现了故障，导致了整个地安门地区包括恭王府地区都断电了。因为当时饭店用的都是鼓风灶，如果没有电灶具是无法启动的，而且我们烧的是煤气。

在照明方面，由于当时厨房处于半地下室，应急灯都是在通道里，虽然热菜厨房有应急灯，但是恰恰面点加工区的应急灯却在一个角落上，什么也看不清楚，赶上阴天下雨就更看不清了。这该怎么办呢？客人已经全部就座，凉菜也已经上了。就在这个时候却停电了，菜都准备好了，怎么办呢？

举办方当时也非常着急，市里的领导马上跟相关部门协商、沟通，让他们尽快恢复供电。但是当时给的回复就是难度非常大，而且变电箱如果需要更换，即使用最快的速度也得需要一个半小时到两个小时的时间，而这个时间正好是宴会正常进行到结束的时间。

实在没有办法了，最后我拍板说面点还是照做。在面点间外面有两台类似家用的煤气灶，有些需要煎、炸和煮的面点，因为分量比较小，就让大家在那里操作了。当时店领导和市领导质疑灶具的简陋，这能做得好吗？我说没有问题，大家放心吧！就这样，两桌宴席，我们用家用的灶具，旁边用应急灯和手电筒照明，就在这种条件下完成了。即使我对自己再有信心，但是毕竟换了灶具火力不一样，尤其川菜又很讲究火工，心里还是隐隐担心的。

菜做完上桌之后大概有 10 分钟，领导找到我，说我得到了高度的赞扬，让我过去合影留念。当时客人们都在楼上，因为楼上的采光条件相对好一些，点的是蜡烛，有点烛光晚餐的感觉。当时的宾客都说，在这种条件下能够完成这么出色的宴席，呈现这么好的美食，是他们没有想到的。这件事对我产生了很大的触动，作为一个厨师来说，要适应不同的工作环境，适应不同的操作手法，我觉得这也跟我多年扎实的基本功是分不开的。

地道川味儿, 离不开复合调料
各式味碟酱汁

鱼香汁

材料：泡辣椒 30 克、白糖、醋各 15 克、盐、葱末、姜末、蒜末各 2 克、水淀粉 5 克

做法：❶泡辣椒下锅煸炒成红色后，下入姜末、蒜末炒香。❷依次调入白糖、醋、盐，加适量水。❸煮开后淋入水淀粉勾芡。❹最后撒上香葱即可。

调料妙用：任何的菜品都可以配鱼香汁蘸食。

油酥豆瓣

材料：郫县豆瓣酱 120 克、葱末、姜末、蒜末各 2 克、菜籽油 10 克、料酒 3 克、白糖 2 克、酱油 5 克、熟白芝麻 1 克

做法：❶ 锅置火上烧热，放入菜籽油，待油温升至 8 成热时放入郫县豆瓣酱煸炒出香味后再放入姜末、蒜末炒香，烹入料酒，调入白糖、酱油。❸ 煸炒均匀，至香气四溢时盛出，撒上熟白芝麻即可。

调料妙用：豆瓣酱可以作为很多菜品的调味品。

椒盐

材料:花椒面 20 克、盐 10 克

做法:❶将花椒干锅小火煸酥,然后打碎制成花椒面。❷将花椒面和盐以 2∶1 的比例调配,搅拌均匀即可。

调料妙用:椒盐可以做一些干炸类菜品的蘸料。

豆豉酱

材料:阳江豆豉、老干妈豆豉各 30 克、红油(制作方法见 P28)20 克

做法:❶将阳江豆豉和老干妈豆豉一起用机器搅碎,加适量红油搅拌均匀即可。

调料妙用:豆豉酱可以做豉汁牛肉、豆豉蒸鱼、豆豉排骨之类的菜品。

香辣酱

材料:菜籽油 10 克、豆瓣酱 15 克、辣椒面 10 克、花椒粉、白糖各 5 克、姜末 3 克、盐 2 克

做法:❶ 炒锅烧热后加菜籽油 6 成热后放豆瓣酱炒出红色后,加入姜末、辣椒面、花椒粉炒香。❷ 调入盐、白糖即可。

调料妙用:香辣酱可以用做一些海鲜类菜式的调味品,也可用来炒制蔬菜。

烹制红油

材料：油辣子 200 克(市场有半成品)、菜籽油 250 克，葱、姜各 10 克，色拉油 250 克、香菜 5 克

做法：❶ 将菜籽油、色拉油烧热至 9 成热，下入葱、姜，炸干水分，去除菜籽油中的豆腥味。❷ 油辣子放入容器中，加色拉油搅拌均匀，将菜籽油分 3 次倒入油辣子中不停地搅拌，最后加入香菜密封 10 小时后即可使用。

调料妙用：可在烹制热菜时使用。

刀口辣椒油

材料：干辣椒 100 克，菜籽油 300 克，葱、姜各 10 克

做法：❶ 干辣椒上锅小火焙干后剁碎。❷ 菜籽油烧热，加葱、姜去除豆腥味。❸ 将油烧热至 8 成热离火，将刀口辣椒分成 3 份，第 1 份在油温八成热时下入，第 2 份在油温六成热时下入，第 3 份在油温三成热时下入，搅匀即可。

调料妙用：这样制出来的辣椒油颜色亮丽，口味醇厚，适合拌凉菜用。

特制泡椒油

材料：泡辣椒末 100 克，泡姜末 25 克，姜块 10 克，大葱 25 克，色拉油 200 克

做法：❶ 色拉油倒入锅中，大火烧至 6 成热，加入姜块、大葱，炸出香气，然后过滤。❷ 保持大火，将过滤后的油烧到 4 成热，加入泡椒末和泡姜末并转小火，慢慢推炒。❸ 待油中水蒸气完全挥发，油色红亮诱人，泡椒和泡姜的香气完全溢出后即可出锅，盛入带盖容器中，盖上盖或覆上保鲜膜，10 小时后，滤除油中的泡椒和泡姜残渣，泡椒油就做好了。

调料妙用：专门用来做酸辣味型和鱼香味型的菜肴调味品使用。

烹制老油

材料：菜籽油 200 克,郫县豆瓣酱 100 克,粗辣椒面 20 克,姜块 10 克,大葱 10 克,洋葱 5 克,八角 1 克(约 2 颗),小茴香 2 克,香叶 2 片

做法：❶ 菜籽油用大火烧 8 成热时离火,下姜块、大葱段、洋葱片炸香,随后放入其他香料炸香。❷ 转成小火,待油温降至 4 成热时,加郫县豆瓣酱小火慢炒至水分蒸发,油红亮,豆瓣渣香酥油润后,加入粗辣椒面炒香即可出锅。盛入带盖容器中,盖上盖子或覆上保鲜膜,焖 10 小时,将料渣过滤即可。

调料妙用：老油用途广泛,尤其适用于家常味型、煳辣味型的菜品。

熬糖色

材料：冰糖 100 克,水 100 克

做法：❶ 冰糖 100 克和水 50 克一起下锅小火熬至冰糖熔化,待颜色呈棕褐色时即可。需要注意的是,当糖色红亮时要马上添水搅拌,拖延时间会产生煳味和苦味,上色会太深。

调料妙用：糖色一般现做现用,适合红烧、焖烧类的肉菜。

复合酱油

材料：生抽 30 克,老抽 10 克,黄豆酱油 10 克,葱、姜各 5 克,八角 1 克(约 2 颗),香叶 1 克(约 3 片),小茴香 1 克

做法：将各种材料放在一起共同熬煮而成。

调料妙用：一般作为冷菜的调味品使用。

高级高汤

材料：母鸡 5 千克，鸭 3 千克，瑶柱 500 克，火腿 200 克，肘子 1 千克，瘦排骨 5 千克；鸡胸肉 400 克。盐 10 克，胡椒粉 3 克，料酒 3 克，姜 10 克，葱 10 克。

做法：❶ 汤鸡、汤鸭、肘子氽水后加瑶柱、清水、葱姜大火烧开，小火炖煮 6~8 个小时，得到高汤。❷ 将高汤取出，分别用瘦猪肉和鸡胸肉制成红臊子和白臊子，分两次煮制。❸ 煮制时，加入盐、胡椒粉煮制 1 小时后可得高级清汤。

调料妙用：高汤可以做开水白菜，也可做成菌汤或者配以高档的海鲜食用。

注：此用量为四川饭店的日用量，家庭制作时可根据人数适当减少。

高级浓汤

材料：汤鸡、汤鸭、瑶柱、肘子、葱、姜、瘦猪肉、鸡胸肉、水、盐、胡椒粉、龙骨

做法：❶ 汤鸡、汤鸭、肘子氽水后加瑶柱、水、葱姜大火烧开，中火炖煮 6~8 个小时后得到高汤。❷ 转大火催煮 2 小时，期间需不停搅动，使蛋白质充分融入汤中，便得到高级浓汤。

调料妙用：高级浓汤可以做很多的浓汤菜式，如浓汤鱼肚、浓汤鱼翅、浓汤鲍鱼、浓汤三鲜等。

熬葱油

500 克色拉油，250 克葱，50 克姜，小茴香、八角、香叶各 10 克。把这些香料和油一起下锅，小火熬制，等油 9 成热时各种香料的香味已出，这时把锅离火，再把提前备好的香菜根（香菜根的香气更足）放入。葱油熬好后密封保存，随用随取。一般葱油的保质期为 15~20 天。葱油除了不能用于素炒青菜外，其他菜品均可以。

熬蒜油

250 克大蒜，500 克色拉油。大蒜剥皮后清洗干净，拍破，剁碎，用清水把大蒜黏液冲洗干净，凉油下蒜，小火慢慢炸制，把蒜里的香气炸出来。蒜油更多的用于炒素菜或者凉拌的素菜，可增加青菜的香气。

另外，需要说明的是，现代人的生活水平提高了，相对更加注重饮食的健康，对味精、鸡精的食用次数越来越少，在这样的大环境下可使用更健康的葱油、蒜油和各种酱油来替代味精、鸡精，以提升菜品的鲜味和香气。酱油的品种不同，口感也不同，有的适合烹制荤菜，也有的适合烹制素菜，还可以用一些蚝油，同样也能起到给菜品提升鲜味的作用。

川菜的基础烹调工艺

煮烫工艺 适用食材：土公鸡、乌骨鸡、白条鸭等全鸡或全鸭。

工序：❶ 将白条鸭处理干净放入锅中，加清水、葱段、姜片、花椒、干辣椒等香辛料，大火烧沸后加入适量盐，转小火烧至调料入味后捞出。

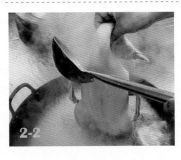

❷ 再次转大火将水烧至沸腾状态，用沸水浇烫鸭子，但不要直接把鸭子放入锅中。

❸ 鸭肉烫至刚熟时，捞出，放入容器中便完成了。

白煮工艺 适用食材：白条鸭、土公鸡等。

工序：

❶ 将白条鸭处理干净放入锅中，加水，以没过白条鸭为准，下入姜片、葱段、花椒、八角、盐。

❷ 大火煮开后，撇去浮沫，再转为小火，将整鸭炖煮熟透，捞出，放入凉水中洗净，凉透即可。

红卤工艺 适用食材：白条鸭、猪蹄等。

工序：❶ 冰糖处理成细粉状，锅中放少许油，放入冰糖粉，中火慢炒。❷ 待糖由白变黄时，改小火，糖和油呈黄色并起大泡时，将锅离火继续快速炒制。

❸ 再上火，颜色变为深褐色，大泡变为小泡时加入酱油，再用小火炒制，即为糖色。

❹ 锅中放水烧开，将白条鸭氽去血沫，洗净，重新加水，放拍破的老姜、葱段烧开。

❺ 转小火慢慢炖煮至香气四溢时，放入盐、辣椒段、糖色烧煮。

❻ 待鸭子熟软时，将锅离火，10~20分钟后，捞出鸭子，红卤水便制作完成。

泡菜坛子里的美味秘密

酸豆角

材料：豇豆、花椒、姜、干辣椒、白酒、水

做法：❶ 将水烧开，晾到自然凉，倒入泡菜桶中。

❷ 泡菜桶中加入所有材料，然后隔水密封，自然发酵放在阴凉通风处3天（根据季节与南北方差异适当调整）即可。

调料妙用：酸豆角可直接作为小菜食用，也可以作为辅料加入到主菜当中，如肉末炒酸豆角、酸豆角烧鲫鱼等。

泡菜

材料：心里美、胡萝卜、芹菜、蒜苔、姜、大蒜、圆白菜、莴笋、花椒、辣椒、白酒、红糖、水

做法：

❶ 准备好各种原料。把水烧开，晾到自然凉，倒入泡菜桶中，加入花椒、辣椒、白酒、红糖。

❷ 将心里美、胡萝卜、芹菜、蒜苔、姜、大蒜、圆白菜、莴笋依次放入泡菜桶中，然后隔水密封，自然发酵便可。

调料妙用：泡菜可以作为凉菜直接食用，也可以作为配菜烧制，如泡菜烧鱼、泡菜烧鸡块等，泡菜还可以直接炒制或加肉丝炒制。

独门国宴名菜

泰国公主60岁大寿,吃什么呢?公主只有一个要求:只能是川菜,必须要吃到鸡豆花、麻婆豆腐、辣子鸡。考虑到外宾的口味,国宴的川菜少了麻、辣、油腻,一般都较为清淡,且荤素搭配。

1-1

1-2

2

干煸牛肉丝‖

演变菜式:干煸玉米笋、干煸四季豆、干煸豌豆、干煸鱿鱼

香辣鲜香,回味醇厚,肉质甘香

味型:麻辣味

技法:干煸

材料

牛里脊肉　250 克	郫县豆瓣酱　5 克
芹菜　50 克	花椒面　1 克
	盐　1 克

调料

菜籽油　20 克	料酒　3 克
姜丝　5 克	白糖　3 克
醋　3 克	香油　3 克
	辣椒油　3 克
	辣椒面　1 克

名厨秘诀

1 选料要正确,掌握好火候是关键,牛肉丝一定要煸至水分收干,切不可水分太重,否则牛肉丝会软绵而不酥香。

2 芹菜下锅炒断生就要迅速起锅,否则变色不脆。

3 郫县豆瓣酱里有盐分,需酌量放盐。

4 掌握好煸炒的火候。

做法

1 牛肉切成长6厘米,粗5毫米的丝;芹菜也切成丝。

2 把炒锅放到大火上,加入菜籽油,烧热后放入牛肉丝,反复地煸炒并加少许盐。

3 炒至基本没有水气的时候,倒入漏勺中,把油滤掉。

4 另在锅中放香油、辣椒油,把煸炒好的牛肉丝倒入锅内,加入郫县豆瓣酱、辣椒面炒至油红酱酥时,放料酒、白糖、姜丝、芹菜丝,烹上醋,淋入香油即可出锅。

5 出锅之后撒上花椒面,这样这道以干煸技法烹制的菜肴就做好了。

摆盘 干煸牛肉丝用传统方式堆放摆盘即可。因为这道菜整体色泽红亮,用白色圆形盘盛装效果最好。

家常臊子海参

演变菜式：家常鱿鱼、家常鹿筋等

咸鲜微辣，色泽红亮，海参软糯，臊子粒非常酥软

味型：咸鲜微辣味

技法：烧

材料

水发海参　200 克	高汤　20 克
猪瘦肉　20 克	白糖　3 克
油菜　200 克（约 10 颗）	盐　3 克
高汤　50 克	郫县豆瓣酱　10 克
	色拉油　20 克
	水淀粉　5 克

调料

酱油　5 克	葱　5 克
料酒　5 克	姜　5 克
	蒜　5　克
	辣椒油　5 克

名厨秘诀

1 放郫县豆瓣酱煸炒的时候，要让红色充分地释放出来。加入高汤后，等郫县豆瓣酱的香味完全散发到汤中之后，再把多余的残渣过滤掉。

2 海参一定要炖入味，臊子粒通过慢炖的方式重新吸收汤汁，口感是酥香的。

摆盘 菜品本身的颜色较深，适宜选用白色的盘子盛装，将炒制好的菜品以堆放的形式盛放在盘中，以油菜心整齐码放围边即可。

做法

1 海参切成粗条；猪肉切成小粒；油菜用剪刀修剪一下做装饰用；葱切成段；姜切片；蒜拍碎。

2 海参用淡盐水汆透后沥干水分。

3 锅里留底油，放入肉丁煸炒。炒好后倒入漏勺内。

4 炒锅里留底油，放入葱、姜、蒜，加入郫县豆瓣酱，炒至油红酱香的时候，加入料酒、酱油，放入高汤，捞去酱渣，把海参和肉粒放入锅中，用中小火烧约 20 分钟。烧开后调入盐、白糖，烧透之后用水淀粉勾芡，淋入辣椒油就可以装盘了。

5 炒锅里放底油，把油菜煸炒一下，在盘边码成一圈。

三元牛头方

演变菜式：三元牛掌、家常牛尾

牛头皮入口即化，口感软糯

味型：咸鲜微辣味

技法：烧

　　这是川菜中非常典型的一道宴席菜，是低档原料、高档做法的一个菜品，也是费工、费料、费时的一道菜。"三元"所用的原料是胡萝卜、白萝卜和莴笋，用挖球器挖成球形，烧制而成。

名厨秘诀

1 牛头皮蒸熟后，取出放托盘里时，上面要放很沉的东西把它压平。

2 牛头皮上的老皮一定要除净，避免影响菜肴口感。

做法

1 牛头皮从中间劈上一刀，然后用大火上大蒸箱，蒸大约2个小时后，取出。把牛头皮整个从牛头上剔下来放在托盘里，上面放重物压平。

2 牛头皮压平之后再自然冷却，用片刀的方式把牛头皮上面的一层老皮给片掉，切成5厘米长、2厘米宽的长方条，再进行氽水。

3 干贝去筋；胡萝卜、白萝卜、莴笋用挖球器挖成圆球形，分别用开水氽透后放入凉水中过凉备用；干辣椒去蒂，去子。

4 将老母鸡开膛，去内脏洗净，与猪肘子一起切成大块，用开水氽透，捞出洗净。汤锅底下垫上竹笆，放入鸡块和猪肘子，将牛头皮放入豆包布打成包，码入锅中，加入清水，加葱姜、熟火腿、干贝及干辣椒、陈皮大火烧开。

5 另取一砂锅，下糖色及煮好的汤烧开，加盐、胡椒粉，随即倒入烧牛头皮的汤锅内，大火烧开后转中火炖制6~8个小时。

6 牛头皮烧好后，拣出来，找一个特制的碗，牛头皮朝下码放在里面，翻扣在盘中。

7 将胡萝卜、白萝卜和莴笋3种不同颜色的蔬菜球烧到入味后围着牛头皮码成一圈，用原汤勾芡，淋在上面就完成了。

材料

牛头皮　500 克

猪肘子　500 克

老母鸡　100 克

熟火腿　50 克

干贝　25 克

胡萝卜　25 克

白萝卜　25 克

莴笋　25 克

调料

盐　5 克

胡椒粉　1 克

糖色　20 克

干辣椒　5 克

陈皮　5 克

葱段　25 克

姜片　25 克

3　　　　　**5**　　　　　**7**

摆盘 三元牛头方成菜非常精致漂亮,牛头皮整齐码放成碗形扣在盘子中央,周围以三种颜色的蔬菜球间隔排列,整齐码放。

●●○	咸度
○○○	麻度
○○○	辣度
○○○	甜度
○○○	酸度

瑶柱素烩

演变菜式：瑶柱芦笋、瑶柱菜心、瑶柱冬瓜方

造型美观，色彩鲜艳，清淡爽口

味型：咸鲜味

技法：烧

这道菜将很多种颜色鲜艳的蔬菜组合在一起，在刀工上讲究材料切成整齐的形状，能切片的，片的大小尽量相同，不能切片的，长度也要保持一致，且每一小份的量也大致相等，这样所成菜品形态非常美观，艳丽的颜色也给人清脆爽口的感觉。

名厨秘诀

1 各种蔬菜原料切的时候长度要保持一致，片的大小也要保持一致，这样在摆盘的时候才会营造出整齐的视觉美感。

2 需要切成长方形片的材料也要切上花刀，这样在摆盘的时候才会整齐而又有变化，不显得呆板生硬。

3 蔬菜汆水后要立即放入冷水中，这样可让蔬菜保持鲜亮脆嫩的颜色，且吃起来也会更加爽脆。

4 油菜只需稍微汆一下即可，不要汆太长时间。

材料

熟瑶柱	25 克
胡萝卜	25 克
莴笋	25 克
芦笋	25 克
白萝卜	25 克
油菜	15 克
冬菇	20 克

调料

盐	5 克
料酒	2 克
色拉油	5 克
高汤	20 克
姜	3 克
葱	3 克
水淀粉	5 克
熟鸡油	2 克

做法

1 将胡萝卜、莴笋、白萝卜去皮，切成长方形的花刀片；冬笋也切成花刀片；芦笋切成长段。

2 以上5种材料分别汆熟，冷水浸泡后，滤干水分。

3 姜切片；葱切段；油菜淘洗干净，择去两侧叶片部分，汆熟；冬菇泡发后洗净去梗，开水汆一下加高汤、盐、料酒上笼蒸一小时。

4 锅放火上放油，油热后将葱、姜炒香，加高汤稍煮，拣出去葱、姜放一边，加盐、料酒，将胡萝卜、莴笋、白萝卜、冬笋、芦笋分别放入烧透入味，捞出后分色摆盘成圆形，冬菇铺在中间，瑶柱堆在冬菇上面，油菜摆在盘边上笼蒸8分钟取出。

5 锅内下高汤，调入盐，淋水淀粉勾芡，加熟鸡油，淋在菜上即成。

4   **5-1**   **5-2**

咸度 ●○○
麻度 ○○○
辣度 ○○○
甜度 ○○○
酸度 ○○○

鸡豆花

演变菜式:鱼豆花

汤清见底,豆花是雪白的,而且入口即化,吃不出来是鸡肉做的

味型:咸鲜味

技法:煮

　　鸡豆花是川菜中典型的高档宴席菜。它是一种汤菜,是用鸡胸肉、鸡蛋清等原料制成的,形状像豆花,因此得名。这道菜是由清宫的川菜名厨黄敬临始创于清宫御膳房,后来流传到民间。菜的做工非常讲究,要用到高级高汤(第 30 页有详细介绍)。高级高汤制作起来步骤很繁琐,首先要熬汤,然后用红臊子、白臊子分两次通过吸附的手法把汤里面的杂质吸走。

名厨秘诀

1高汤烧开倒入鸡蓉的时候,不能马上关小火,如果关小火,冲进的鸡蓉会分层。要以中大火把汤烧到微开,然后调成小火,通过长时间的炖煮让其充分定型。

2臊子定型后因为里面有鸡蛋清和淀粉会凝固,从外表上看就是一个豆花的状态,这时要不停地转动汤锅,由周边向中间逐渐地受热,如果从中间开锅,豆花就给冲散了。所以一定要顺着锅的四周转动锅,通过火力的均匀受热让臊子全都成熟。

材料

鸡胸肉　50 克

鸡蛋清　50 克(约 2 个的量)

豌豆苗　5 根

高汤　200 克

调料

盐　2 克

胡椒粉　1 克

枸杞子　2 克

水淀粉　5 克

做法

1用刀背把鸡胸肉砸成蓉状,放入盆内。

2加鸡蛋清、盐,放入高汤,加水淀粉搅拌均匀。

3豌豆苗用开水氽熟,枸杞子也同样用开水氽熟备用。

4高汤放入锅内烧开,倒入已经拌好的鸡蓉,加胡椒粉,用大火烧开,等鸡蓉凝结成块,连汤一起盛入汤碗内,放入枸杞子和豌豆苗,这道菜就做好了。

4-1

4-2

4-3

摆盘 鸡豆花在摆盘时要有一定的技巧，适宜用汤碗盛装，鸡豆花不能散，雪白的鸡豆花中间可点缀一颗红樱桃和一点绿叶青菜。

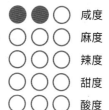

咸度 ●●○
麻度 ○○○
辣度 ○○○
甜度 ○○○
酸度 ○○○

乌龙凤片

演变菜式：三鲜海参、龙井凤脯

海参是黑色的，凤片是白色的，色泽非常鲜亮

味型：咸鲜味

技法：烩

　　海参是一种非常高档的原料，本身没有特殊的味道，需要用一些其他辅助性的食材去增加海参的鲜味，鸡肉中含有非常丰富的纤维素，这两种食材搭配有互补的作用。海参可以吸附鸡肉的鲜味，鸡肉又可以借助海参来凸显本身的鲜味，可谓是完美的结合。

名厨秘诀

1 在做这道菜的时候可以加一些干贝水。海参有腥味，一定要让这种腥味充分地挥发掉，这就是传统意义上所说的"有其味使其出，无其味使其入"。

2 为了充分提升海参的鲜味，可以用一些辅助性的食材，比如用瑶柱水或者用海米蒸出来的水去浸泡或炖煮，这是一种比较独特的处理方式。

做法

1 水发海参切成斧子片，即斜刀片成大片，竹笋也切成片，放入沸水锅中余水，加入葱姜、料酒，以去除海参原本的腥味。

2 鸡胸肉片成薄片，加盐入味，上浆，入沸水锅中余熟。

3 锅内放高汤，将海参和鸡片一同下入汤中，开中火，煨制约5分钟，使汤汁的味道充分入到海参和鸡片当中，下入竹笋，加盐，淋水淀粉，点少许熟鸡油，装盘即成。

材料

水发海参	100 克
鸡胸肉	50 克
竹笋	50 克
高汤	50 克

调料

盐	5 克
水淀粉	10 克
熟鸡油	2 克
姜片	3 克
葱段	3 克
料酒	3 克

刀工：海参从中间片开，斜刀成大片

1-1

1-2

2

3-1

3-2

摆盘 乌龙凤片是一种汤汁比较多的菜品，选用汤盘或卧盘盛装效果更好。

豆渣鸭脯

演变菜式:豆渣海参、豆渣鸭舌、豆渣丸子

色泽洁白清新,豆渣入口即化

味型:咸鲜味

技法:煮、蒸

材料

白条鸭	1 只 (约 750 克)
豆渣	200 克
鸡汤	50 克
西蓝花	50 克

调料

葱段	5 克
姜片	5 克
胡椒粉	2 克
水淀粉	5 克
花椒	2 克
料酒	5 克
盐	5 克

做法

1 锅烧至温热,将豆渣倒入用小火慢慢翻炒,炒至沙状,豆渣散发出香气时盛出。

2 另起锅烧热,油6成热时放入葱、姜炒出香味,烹入少许料酒后放入豆渣,放鸡汤、盐、胡椒粉,汤以没过豆渣为宜,烧开后转小火烧至豆渣成蓉状,拣出葱、姜,用中火把汤汁收干,盛入碗中待用。

3 将白条鸭洗净入沸水中,加料酒、花椒、葱段、姜片、胡椒粉,煮至断生捞出控水备用。

4 将鸭拆骨,取鸭肉,皮面朝外平铺在碗中,使碗呈空心状,然后放入豆渣,将碗抹平,盖严,放入蒸锅中蒸约1个小时。

5 将蒸好的豆渣与鸭肉翻扣盘中,滤去多余汤汁。将西蓝花放入开水中,加适量盐余至断生后码放在盘子周围。

6 锅中放鸡汤,加盐、水淀粉搅拌均匀后浇在鸭肉上即可。

名厨秘诀

1 炒豆渣时,要用小火慢炒,火力太大,豆渣容易炒煳无法食用,而火力太小,水分又炒不干,豆渣便不会有酥香的口感。

2 豆渣煮开后转小火,锅呈微开状即可,切勿大火,否则汤汁极易被烧干,豆渣反而没有熟透。

摆盘 选用汤碗盛装,鸭肉完整地扣在碗中,且豆渣完全被鸭肉包裹。豆渣鸭脯浸在汤汁中,鸭肉旁围放一些余至断生的西蓝花,即可呈现出清爽怡人的感觉。

经典凉菜

川菜中的经典小凉菜，其味道麻、辣、鲜、香，非常爽口，也特别开胃下饭。然而，每次去饭店点的凉菜，总觉得比自己拌的好吃，其实这里面是大有秘诀的，来看吧！

●	●	○	咸度
●	●	○	麻度
●	●	○	辣度
○	○	○	甜度
○	○	○	酸度

夫妻肺片 II

演变菜式：干拌牛肚、麻辣牛舌、干拌猪手

色泽美观、质嫩化渣、麻辣浓香

味型：麻辣味

技法：煮拌

　　夫妻肺片是由四川的一对夫妻创制的，他们因制作和销售肺片而出名，人们称这道凉菜为夫妻肺片。最初的时候，这对夫妻是沿街设摊，肺片按片出售，逐步发展为设店经营，在用料上也更为讲究，以牛肉、牛心、牛肚、牛舌、牛头皮代替最初的肺，质量也得以提高。为了保持原有的风味，"夫妻肺片"一直沿用至今。

名厨秘诀

1 掌握牛肉和牛杂分别煮透的时间和软硬程度。根据质地的老嫩不同掌握煮的时间长短，易熟、易软的原料要先捞起来。

2 各调料之间的比例要把握好，这样才能达到成菜麻辣浓香回味悠长的要求。

3 装盘后撒上油酥花生米末和熟白芝麻可起到进一步提香的效果，但不要撒太多，避免影响菜品原来的口味。

材料

牛肉　250 克

牛杂（牛肺、牛舌、牛头皮、牛肚、牛心）　250 克

调料

料酒　5 克

辣椒油　10 克

酱油　5 克

油酥花生米末　5 克

卤汤　250 克

香油　2 克

花椒面　3 克

花椒　2 克

八角　1 克（约 2 颗）

桂皮　2 克

盐　2 克

熟白芝麻　2 克

葱段　5 克

姜片　5 克

香葱末　5 克

做法

1 把牛肉和牛杂用开水氽一下，然后捞出。

2 锅内放水和卤汤，放入氽好的原料，再把花椒、八角、桂皮、葱段、姜片做成的调味料包放在汤锅内。

3 加料酒，汤煮开以后撇掉浮沫。用小火煮约 4 小时，酥烂后捞出。把煮熟的各种原料切成薄片放入菜盆中。

4 依次放入卤汤、盐、香油、酱油、辣椒油、花椒面搅拌均匀。

5 装盘，撒上油酥花生米末、熟白芝麻、香葱末即可。

3

4-1

4-2

摆盘 螺旋式摆盘，富有整体感和层次感。牛头皮和牛心铺在最下方，牛肉、牛舌、牛肚切成等量大小，一片压住一片的一半以螺旋式码放一圈，牛肉、牛舌、牛肚各占约1/3，然后浇上调制好的碗汁儿，最后在中间撒上油酥花生米末、熟白芝麻、香葱末即可。

1-1

1-2

3

川北凉粉 ||

演变菜式：无

清凉爽口，香辣味浓，略带麻味

味型：香辣味

技法：拌

材料

绿豆凉粉	200 克
黄瓜	50 克
红辣椒	5 克

调料

辣椒油	5 克
酱油	5 克
姜末	5 克
蒜末	5 克
盐	3 克
花椒面	2 克
熟白芝麻	2 克
香葱末	10 克

名厨秘诀

1 凉粉在切的时候，可以在刀上蘸点水，这样就不会粘刀了。

2 在做调味汁的时候，一定要掌握好比例。

做法

1 先将绿豆凉粉切成6厘米长，2厘米宽，1厘米厚的薄片；黄瓜切成丝；红辣椒斜切成片。

2 将黄瓜丝、红辣椒堆放在盘子中间。凉粉抖散，铺在上面。

3 另用小碗放入盐、酱油、辣椒油、姜末、蒜末、花椒面调匀，浇在凉粉上，撒上熟白芝麻和香葱末即成。

摆 盘 以堆的形式呈现，将凉粉改刀，整齐地堆放在盛器当中，上边淋汁，撒上熟白芝麻和香葱末调味，同时也可作为点缀。

红油肚丝

演变菜式:干拌肚丝、椒麻肚丝

色泽红亮,肚丝软糯

味型:红油味

技法:煮、拌

1-1

1-2

2

材料

牛肚　300克

调料

盐　5克	
酱油　5克	
红油　10克	
葱段　5克	
姜片　5克	
花椒　5克	
干红辣椒　5克	
香葱末　5克	
熟白芝麻　2克	

名厨秘诀

煮牛肚的时候一定要控制好火力,火力过大,可能会将牛肚煮得不成形。开锅之后以中火为主,小火煮熟。

摆盘　因为红油肚丝里面有红油会渗出来,所以尽量要选用深一些的盘子来盛装,这样才能把汤汁和红油给兜住,用平盘装不够美观。

做法

1将牛肚清洗干净,上锅加葱段、姜片、花椒、干红辣椒,煮约30分钟,将其煮透后捞出晾凉。

2将牛肚切成丝,调入盐、酱油,拌匀,装盘,淋上红油。

3最后撒上熟白芝麻、香葱末即可。

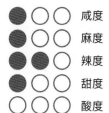

● ○ ○	咸度
● ○ ○	麻度
● ● ○	辣度
● ○ ○	甜度
○ ○ ○	酸度

红油牛头皮

演变菜式：红油百叶

牛头皮一定要煮至软烂

味型：红油味
技法：煮、拌

　　这是典型的一道粗料细做的手法。严格地说，牛头皮、牛下水之类都属于边角余料，不会有人拿去下菜，而川菜则很善于运用牛杂和牛头皮来入菜。牛头皮经过煮制之后，放在平的托盘当中，皮朝下，上面用一个重物压平，这样才便于改刀成型。压平之后放到冰箱中自然冷却，然后取出，这样会得到一个很平整的牛头皮，再根据实际用量切成块，顶刀切片。切片的时候一定是越薄越好，这样吃起来口感更劲道。

名厨秘诀

1 因为牛头皮是属于腥膻味比较重的原料，煮的时候一定要加一些香料如花椒、香叶、八角，以便去除其腥味。

2 在改刀的时候，一定要等牛头皮充分凉透定型了再切，这样切出来的牛头皮才会非常整齐，如果不凉透，切起来会很费劲。

材料

牛头皮　200克

调料

熟白芝麻　5克

油酥花生碎　5克

红油　5克

盐　2克

酱油　5克

料酒　5克

白糖　3克

葱段　10克

香葱末　3克

姜片　10克

花椒　3克

香叶　5克

八角　5克

桂皮　5克

做法

1 将牛头皮洗净放入锅中，加足量水，放入葱段、姜片、盐。

2 将花椒、八角、香叶、桂皮放入纱布袋扎紧，下入锅中。

3 大火烧开后，转小火焖3个小时。

4 牛头皮熟烂后，拣出纱布袋，将牛头皮捞出，切成5厘米长、2厘米宽的片，整齐码放在盘中。

5 取一碗，加红油、酱油、料酒、白糖拌匀，调成碗汁。

6 将碗汁淋在牛头皮上，撒上熟白芝麻、油酥花生碎和香葱末即可。

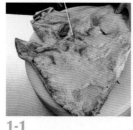
1-1

1-2

1-3

怪味鸡丝‖

演变菜式:怪味茄子、怪味虾

鸡肉鲜嫩,咸、甜、酸、辣、鲜、香味兼备,但互不压味

味型:怪味

技法:煮、拌

材料

肉鸡　1只(约750克)	白糖　5克
葱白　10克	醋　5克
	芝麻酱　10克
	熟白芝麻　3克

调料

料酒　5克	蒜泥　2克
姜片　10克	花椒面　2克
葱段　10克	花椒　5克
酱油　5克	香油　5克
	红油辣椒　10克
	香葱末　3克

名厨秘诀

1 鸡肉不能煮过,煮至7成熟可关火用汤的余热浸泡成熟,用细扦插入鸡肉,若取出不见血水,说明就煮好了。

2 味汁要兑好、适量,食用前再淋上。

3 鸡丝的量根据情况自定,如果量大浇汁也要多一些。

做法

1 鸡剖腹去内脏, 洗净, 放入汤锅内, 加姜片、葱段、料酒、花椒煮至7成熟,关火。用余温使其成熟。葱白切丝备用。

2 捞出放入凉开水中漂凉后, 去净鸡骨, 切成粗丝, 盖在葱白上面。

3 取一碗, 放入酱油、白糖、醋、芝麻酱、蒜泥、花椒面、香油、红油辣椒, 兑成怪味汁浇在鸡丝上。

4 撒上熟白芝麻、香葱末即可。

摆 盘 怪味鸡丝汤汁比较多,适宜用深一点的碗或者汤碗盛装。鸡丝尽量朝同一个方向堆放,盘子边缘可用一些鲜花做写意装饰。

棒棒鸡

演变菜式:无

颜色深红,咸辣咸香,味美爽口

味型:香辣味

技法:煮、拌

2-1

2-2

3

材料

材料	调料	
肉鸡　1只(1500克)	芝麻酱　5克	
葱白　30克	酱油　20克	
	白糖　3克	
	盐　3克	
	辣椒油　10克	
	香葱末　3克	
	鸡汤　50克	
	熟白芝麻　2克	
	香油　5克	

名厨秘诀

1鸡肉在煮制时不能一次性煮熟,一定要在煮至7成熟时关火,用汤的余温充分地浸泡成熟,这样鸡肉吃起来才会鲜嫩多汁。

2木棒拍捶时不能用力过大,轻轻拍打即可。

做法

1将肉鸡开膛清理腹内,洗净,放入汤锅内煮至鸡肉7成熟时关火,充分浸泡至成熟时,捞出晾凉。

2取下鸡腿肉和鸡胸肉,用木棒轻捶,使肉质松软,然后撕成细条,葱丝垫底,将鸡丝盖在上面。

3芝麻酱用鸡汤稀释,加白糖、酱油、香油、辣椒油、盐调成味汁。

4将调好的味汁淋在鸡丝上,然后撒上熟白芝麻、香葱末即成。

摆　盘　棒棒鸡也是含汤汁较多的菜品,适宜选用深一点的汤碗盛装,鸡肉堆放在中央,上面撒上熟白芝麻和香葱末。盘子周围可以用一些鲜花做装饰。

口水鸡 II

演变菜式:口水牛腱、口水牛肚

色泽红润,肉质甘香,甜酸适口

味型:麻辣味

技法:煮

材料

三黄鸡　1000克	香油　5克
	蒜泥　5克
调料	芝麻酱　15克
盐　5克	料酒　20克
白糖　5克	葱段　30克
醋　10克	姜片　20克
酱油　10克	香葱末　5克
花椒　5克	熟白芝麻　5克

名厨秘诀

1鸡肉在煮制时不能一次性煮熟,一定要在煮至7成熟时关火,用汤的余温充分地浸泡成熟,这样鸡肉吃起来才会鲜嫩多汁。

2在调味的时候,芝麻酱一定要用香油调制,这样调出来的汤汁才会有浓稠的感觉。

做法

1将三黄鸡清洗干净之后,加上葱段、姜片、花椒、料酒、水,烧开后煮20分钟,关火,用原汤浸泡半小时,这样能够充分保持鸡肉的鲜嫩,保证鸡肉当中的营养不流失。

2晾凉之后,将鸡肉切成条状码放在碗中。

3将盐、白糖、醋、酱油、香油、蒜泥、芝麻酱、料酒兑成调味汁,淋在鸡肉上。

4最后撒上熟白芝麻和香葱末即可。

摆盘 鸡肉在进行刀工处理的时候,下刀一定要均匀,这样出来的菜品才会美观。选用汤碗盛装,鸡肉浸泡在汤汁中,上面撒上熟白芝麻和香葱末,一道滋味饱满的菜品便完成了。

炝黄瓜‖

演变菜式：炝豆芽、炝泡菜

质地脆嫩，香辣微麻

味型：糊辣味

技法：炝

材料

嫩黄瓜　400克

干辣椒　5克

调料

花椒　3克

盐　3克

色拉油　10克

名厨秘诀

1 切黄瓜时要去子，这样口感才会更爽脆。

2 黄瓜切好后先用盐腌制，既可去水分保脆，又可使黄瓜入味。

3 花椒炸香后捞出，放干辣椒炸制但不要炸焦，黄瓜下锅后炒至断生即可。

做法

1 嫩黄瓜洗净，去蒂，切成约6厘米长的段，将黄瓜段剖成两半，去子，再纵切2~3下，切成长条形。干辣椒切短节。

2 把黄瓜条放入碗中，加少许盐腌制。

3 锅置大火上，加色拉油烧至5成热，放花椒炸香后捞出，然后放干辣椒炸成棕红色，放进黄瓜条快速翻炒至断生，加入盐炒匀出锅，装盘即可。

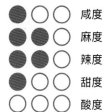

● ○ ○	咸度
● ● ○	麻度
● ● ○	辣度
● ○ ○	甜度
○ ○ ○	酸度

陈皮兔丁 〗

演变菜式:陈皮牛肉、陈皮仔鸡

麻辣味厚,略有回甜,肉质甘香

味型:陈皮味

技法:炸收

　　陈皮是红橘的干制品,皮薄、片大、油润,虽然味苦然而气味芳香。它本是中药,在这道菜里却扮演着调味的主角。早期由于交通、储存、季节变化等条件的限制,新鲜的食物原料不易储存,巴蜀地区的祖辈们就地取材创造出适合四川人偏爱的这种香香的烹调技术和风味,这种技艺被称为"炸收",做成的菜品又叫做炸收菜。这类菜品水分少、滋味浓郁,有入口干香、可长时间存放、适合大量生产等特点,此技法一直传承至今。

名厨秘诀

1 过油的时候要注意油量和兔丁数量的协调。由于兔丁水分大,要防止水分溢出来。

2 炸兔丁时要注意不能炸干兔肉水分,只要将其表面水分炸干即可。

3 兔丁在烧制过程中,火力不可过大,用小火慢慢将陈皮味烧入兔肉中,火大了汤汁很快就会变干,陈皮味不能完全释放出来。

材料

净兔肉　350 克

调料

酱油　15 克

盐　2 克

白糖　5 克

料酒　5 克

醋　5 克

葱　10 克

姜　10 克

蒜　10 克

干辣椒　5 克

陈皮　7 克

色拉油　500 克(约耗 20 克)

香油　10 克

辣椒油　10 克

花椒　3 克

胡椒粉　3 克

高汤　适量

做法

1 先把兔肉切成2厘米见方的丁;陈皮用温水泡洗后切成条;姜、蒜切片;葱拍一下,斜切成段。

2 兔丁内加入盐、葱、姜、料酒拌匀。

3 锅内放油,烧至8成热的时候下兔丁,过油。

4 待兔丁表面水分炸干,颜色变黄时捞出,沥油。

5 锅内留少许油,放干辣椒、花椒、陈皮,放葱、姜、蒜炒香。加料酒、酱油、高汤,放入兔丁煸炒,接着放入盐、白糖、醋、胡椒粉,烧至汤汁浓缩时,加辣椒油、香油拌匀,装入盘中。

1　　　　**3**　　　　**4**

摆盘 这道菜颜色红亮, 汤汁较少, 适宜用稍平的盘子盛装, 菜品直接堆放即可, 不需特意摆放, 盘子旁边做不做装饰皆可。

蒜泥白肉

演变菜式:蒜泥白肉丝、蒜泥蚕豆、蒜泥黄瓜

肉质松软,香辣味美,蒜味浓厚,肥而不腻

味型:蒜泥味

技法:煮拌

　　蒜泥白肉选用的是猪后臀尖肉,肥瘦兼备,片成极薄的大片,以蒜泥、红辣椒油为主要调料调制,具有香辣味美的特点,肥肉吃起来一点儿也不会感到油腻。值得一提的是,白肉用蒜泥调味,不仅使白肉更好吃,而且营养价值也提升了。因为蒜里含有大蒜素,与肉特别是瘦肉中所含的维生素 B_1 结合,能生成稳定的蒜硫胺素,使人体对维生素 B_1 的吸收率增强。

名厨秘诀

1切肉片时持刀须平稳,按紧肉,拉锯进刀,肉片才不易穿花,不起阶梯形状,形成薄而均匀的片。

2注意火候,以煮至刚熟为佳。

3蒜泥最好用石窝臼来舂,调制成的蒜泥味汁的滋味比用刀剁的更浓厚、更滋润。

材料

猪后臀尖肉	250 克
黄瓜	100 克

调料

料酒	3 克
辣椒油	10 克
蒜泥	25 克
香油	5 克
姜片	5 克
葱段	5 克
酱油	10 克
盐	3 克

做法

1先把猪肉放入冷水中烧开,同时撇去浮沫。

2加入料酒、葱段、姜片,煮至皮松断生时捞出(可用竹筷等纤细的工具插入肉中,不出血水既可)。

3晾凉后切成6.5厘米长、2.5厘米宽的大薄片。黄瓜也切成薄片。

4把切好的肉片卷成筒形,整齐地码放在盘中。黄瓜片呈扇形码放在盘子一侧。

5把酱油、蒜泥、盐、辣椒油、香油调匀之后,浇在肉卷上即可。

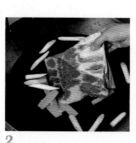

2

3

5

白嫩的肉片卷成轻盈的肉卷，一个一个整齐地码放在盘中，松软的蒜泥铺盖在白肉上，配上红亮的味汁，有种鲜香细嫩的感觉，侧边配以薄透清脆的黄瓜片，就像是一个个淡绿色的翅膀，更给此菜增添了很多生机，化解了白肉的肥腻感，让人忍不住想动筷品尝，感受入口即化的美味。

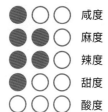

陈皮牛肉

演变菜式:陈皮鸡丁、陈皮兔丁、陈皮猪肉

红褐色菜肴,麻辣而鲜香,陈皮的芳香味浓郁

味型:陈皮味

技法:炸收

　　陈皮牛肉是四川的一道名菜,其色泽红亮,质地酥软,麻辣回甜,陈皮味香,深受食客喜爱。陈皮本身是一味中药,在众多的名菜中,把陈皮作为佐料用的最出名的就要属这道菜了。这道菜有生津开胃、顺气消食、止咳化痰等功效,还能治疗维生素C缺乏症。

名厨秘诀

1切肉片时持刀须平稳,按紧肉,拉锯进刀,肉片才不易穿花,不起阶梯形状,形成薄而均匀的片。

2干辣椒、花椒不能炸焦,否则影响菜品口感。

3掌握好火候,注意突出陈皮的芳香味和麻辣味。

材料

牛肉　500 克

调料

酱油　10 克

盐　5 克

白糖　10 克

料酒　5 克

葱　4 克

姜　4 克

蒜　3 克

陈皮　2 克

干辣椒　5 克

色拉油　20 克

香油　3 克

花椒　1 克

八角　1 克

高汤　适量

做法

1先把牛肉切成稍大的薄片;陈皮切成细条;姜、蒜切成片;葱拍一下切成段。

2牛肉里加入料酒、葱、姜、盐,拌匀入味。

3将牛肉散放在6成热的油中(水气大时也可分数次放入,待水气蒸发以后,再一起放入热油中)。

4将牛肉炸干表面水分,呈棕褐色时捞出,将油滤净。

5炒锅放底油,放入葱、姜、蒜、陈皮后煸炒,加料酒、酱油、高汤搅拌均匀后放入牛肉,加干辣椒、花椒、八角,再放盐、白糖,用小火把汤汁收浓。

6最后加辣椒油、香油,拌匀出锅,装在盘中即成。

3

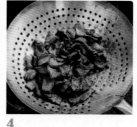
4

5

摆盘 菜品颜色较深，配上古香古色的长形盘子，将盘子带有花纹的一角留出，把烧制好的菜肴堆成圆形摆放在另一头，撒上熟芝麻做点缀，并配上鲜艳的小花做装饰，整道菜醇厚而又别致。

姜汁菠菜

演变菜式：姜汁菠菜卷、姜汁菠菜塔

色泽鲜艳，姜、醋味突出，清淡爽口

味型：姜汁味

技法：汆、拌

材料

菠菜　400 克

调料

香油	1 克
酱油	5 克
醋	5 克
白糖	3 克
盐	3 克
姜	5 克

名厨秘诀

1 菠菜中富含草酸，与钙结合以后形成草酸钙，影响钙质吸收，所以在制作菠菜的时候，要先用沸水把菠菜汆熟，这样可以去除90%的草酸。

2 菠菜汆至刚熟就要立即捞出，否则很容易汆过头。

3 姜要切成极细的末才能使菜品更好地入味。

做法

1 菠菜择洗干净，沥干水分后切大段；姜切成末。

2 将菠菜放入沸水中汆至断生，立即捞出，放入凉水中过凉沥干水分后放入盘中，放盐和香油拌匀。

3 碗内放酱油、盐、醋、白糖、香油、姜末兑成调味汁，浇在菠菜上即成。

摆盘 选用具有宽边的白色盘子，中间装上菜肴，盘子边上再做写意装饰。菜品看上去清淡、秀丽、雅致。

麻酱凤尾

演变菜式：麻酱川肚、麻酱鱼肚等

色泽清脆、质地脆嫩、麻酱香醇、整齐美观

味型：麻酱味

技法：汆、拌

材料

莴笋尖　200克

调料

芝麻酱	10克
辣椒油	3克
香油	2克
高汤	5克
盐	3克

名厨秘诀

1 莴笋尖根部要修剪整齐，去掉筋皮，这样才会外观美观，口感脆嫩。

2 汆莴笋尖时要用大火、沸水，水量要多，水中放少量的菜籽油能保持莴笋尖原来的清脆色泽。

3 莴笋尖汆水时要注意控制火候，断生就迅速捞出，以免原料颜色变老，质地变软，影响美观和口感。

做法

1 莴笋尖用小刀修整齐，呈橄榄形。然后切成10厘米长的段，再劈成两半，把根部切一刀。

2 莴笋尖用开水汆一下，捞出，然后用凉开水过凉。

3 碗内放芝麻酱、香油、辣椒油、盐，用高汤调匀，做成调味汁。

4 莴笋尖控去水分，整齐地码放在盘中，将调味汁淋在莴笋尖上即可。

摆　盘 翠绿的莴笋尖，整齐排列，斜放在以白色为主调的长方形盘子中，盘子表面带有小格的纹路，把简单的食材衬托出典雅的风格。在盘中大量空余处做简单的写意装饰，整道菜便有了清雅脱俗的感觉。

金钩玉牌

演变菜式：金钩腐竹

色泽艳丽，质感脆爽

味型：咸鲜味

技法：汆、拌

材料

海米　50克

黄瓜　200克

调料

盐　5克

香油　5克

名厨秘诀

1 海米也可以用虾代替。如果用虾，可先用一些食用碱腌制，这样虾的嫩度和弹性都可以得到提升，而且食用碱在腌制完虾之后，经过漂洗，完全可以去除碱味。

2 黄瓜一定要去皮去子，以免在拌制的时候有出汤现象，影响口感和外观。

做法

1 海米洗净后用清水充分浸泡，用开水汆熟。

2 黄瓜洗净后，去皮去子，改刀成玉牌状，汆水，捞出。

3 黄瓜和海米放在盘中，放入盐、香油拌匀即可。

摆 盘　堆放摆盘，盘子尽量选用艳丽的颜色，能衬托出海米的晶莹剔透以及黄瓜的翠绿。也可选择纯白的盘子，旁边用鲜花做装饰。

椒麻鸭掌

演变菜式：椒麻鸡片、椒麻鲜鲍、椒麻蹄花

质地软嫩，咸麻鲜香

味型：椒麻味

技法：煮、拌

材料

材料	
鸭掌	15 只
黄瓜	1 根

调料

调料	
香葱	10 克
花椒	5 克
盐	3 克
香油	1 克
高汤	10 克
色拉油	5 克

名厨秘诀

1 去鸭掌趾骨时，要尽量保持鸭蹼完整。

2 要用高级高汤蒸制。

3 蒸熟即可，不宜蒸得太过。

4 摆盘时摆成鸭脚的形状，更加生动有趣。

摆盘 整体呈现出鸭掌的形状。其中的每一个鸭掌去筋骨后形状依然相对完整，然后一排排紧凑排列，一层压在另一层上，排成3排。绿色的黄瓜片也是一片片整齐地呈扇形摆放在盘上部，鸭掌形状的前部用半圆形黄瓜层层叠压摆放做点缀。

做法

1 黄瓜一部分切成长薄片，一部分切成半圆形的薄片；鸭掌去粗皮、趾尖，洗净，入锅煮至6成熟捞出，去筋、趾骨，盛在碗内。

2 加高汤上笼蒸，蒸熟后拣出鸭掌装盘，摆成鸭掌的形状。黄瓜长薄片和半圆形的薄片分别摆在盘子的前后端。

3 香葱洗净，切碎；花椒切碎，装入小碟中，加盐、香油、拌匀。

4 锅里放适量色拉油，烧热，将油倒进步骤3中，做成椒麻汁，淋在鸭掌上即可。

水晶虾仁

演变菜式:水晶肘花、水晶鸭舌

晶莹剔透,虾仁口感有弹性、脆爽

味型:咸鲜味

技法:氽、拌

材料

青虾	200 克
猪皮	200 克

调料

盐	3 克
香油	3 克
葱段	5 克
姜片	5 克
食用碱	3 克

名厨秘诀

1 猪皮一定要小火慢煮,以使里面的胶原蛋白充分地挥发出来。

2 在定型的过程中,一定要放入恒温的保温箱中自然冷却,便于成形。

做法

1 青虾开背,去虾线,加少许食用碱进行腌制。

2 锅内加水,放入葱、姜,大火煮开之后,将虾仁放入水中进行氽烫,捞出迅速过凉。

3 猪皮切成条,放入锅中,加葱、姜小火煮制,将猪皮里面的胶原蛋白熬煮出来,加盐调味,把汤汁倒在碗中,猪皮拣出不要,将虾仁均匀地码放在汤汁上,待自然冷却后翻扣在盘中,淋上香油即可。

摆盘 选用白色的碗,以堆摆的形式盛装,旁边可用绿叶蔬菜或鲜花装饰,以衬托虾仁的晶莹剔透。

传统热菜

川菜在"炒"的方面有其独到之处。特点是时间短，火候急，汁水少，口味鲜嫩，非常营养。炒菜不过油，不换锅，芡汁现炒现兑，急火短炒，一锅成菜。

咸度	●●●
麻度	●●●
辣度	●●●
甜度	○○○
酸度	○○○

毛血旺)))

演变菜式:无

色泽红润,颜色诱人,麻辣鲜香

味型:麻辣味

技法:煮

　　以前在四川当地的一些码头上的纤夫是靠拉纤的体力活生存的,生活比较艰苦,他们平时吃的是四川特有的像郫县豆瓣酱、辣椒之类的辅料做成的菜。比如把牛杂用郫县豆瓣酱炒一炒,然后加水炖煮。后来就被有心的厨师发现了,这种成菜的形式和菜的味道都非常特别,而且很吸引人,一锅红红的汤。后来厨师经过细加工,就演变成了今天的水煮牛肉、毛血旺等菜。

名厨秘诀

1 毛血旺所用原材料没有一个定式,可以根据个人口味添加任何原材料,也可以加一些时令蔬菜。

2 最关键的步骤在于汤底的烹制,要控制好用料比例,汤底调制的好坏直接影响着菜品的质量。

材料

鸭血　200克

鳝鱼　100克

腐竹　200克

黄喉　50克

牛百叶　100克

午餐肉　50克

火腿肠　50克

黄豆芽　150克

青蒜　20克

香芹　50克

调料

郫县豆瓣酱　50克

盐　5克

花椒　5克

干辣椒　20克

料酒　5克

大葱　10克

香葱　5克

色拉油　20克

高汤　800克

做法

1 将鸭血、火腿肠、午餐肉均切成约1厘米厚的长方片。鳝鱼宰杀洗净后,切成5厘米长的段。腐竹、黄喉、牛百叶、香芹均切成5厘米长的段。青蒜斜切成段。

2 黄豆芽洗净,干辣椒切成1厘米宽的小段。大葱切丝待用,小香葱洗净切碎。

3 将鸭血片、鳝鱼段、黄喉段、火腿片、午餐肉片、腐竹段和牛百叶段放入沸水中氽煮约2分钟,撇去杂沫,捞出沥干水分。

4 锅中放入色拉油,烧至5成热时放入葱段爆香,然后放入黄豆芽、香芹段、青蒜段,加盐翻炒约1分钟,盛入盆中做底菜。

5 火锅底料放入锅中,大火炒化后调入料酒和高汤,烧沸后放入步骤3的成品再次烧沸后继续烧煮5分钟,然后盛入盆中。

6 把余下的色拉油倒入锅中,烧至4成热时,将干辣椒段和花椒放入,转小火慢慢炸出香味,然后淋入盆中,撒上香葱末即可。

1

3

6

	咸度
	麻度
	辣度
	甜度
	酸度

鱼香鸭方 |||

演变菜式:鱼香鸡排

色泽红亮,皮酥肉嫩,味咸、辣、甜、酸具齐。

味型:鱼香味

技法:煮、炸

　　鱼香鸭方之所以深受食客喜爱,与它食之化渣的酥脆口感是分不开的。这种口感的实现需要有准确无误的炸制火候做保障,如果火候控制不当,则会导致鸭肉炸煳或者夹生。鸭肉在下锅的时候还要注意与肉丝、笋丝等原料不要分离,否则就不能称作鸭方了。

名厨秘诀

1煮鸭时,稍煮出血水即可,不要煮熟。

2鸭与笋、五花肉要粘稳黏牢,不要在炸的时候分离开。

3鸭肉要炸两次,第一次是将里面的肉炸透并起到定型的效果,炸时油温不宜过高。第二次是将鸭肉炸脆,油温要略高一些。

材料

水盆鸭	半只(约重1000克)
熟冬笋	100克
熟五花肉	100克
鸡蛋	2个

调料

盐	5克
酱油	5克
白糖	10克
醋	25克
料酒	5克
胡椒粉	3克
泡辣椒末	20克
姜末	5克
蒜末	5克
香葱末	5克
干淀粉	20克
水淀粉	10克
色拉油	1500克(约耗50克)
花椒末	5克

做法

1鸭去足,剖腹去内脏洗净,于水中微煮出血水捞出,温水中洗净,用料酒、盐、胡椒粉、花椒末、姜末抹遍鸭全身使其充分入味,装盆,腌一小时,上笼蒸熟后,取出晾凉拆尽骨,横着鸭肉片大片摆盘内成半只鸭形。

2冬笋切细丝,熟五花肉切丝,鸡蛋加干淀粉调成糊,使笋丝、肉丝均匀的挂糊后,平铺在鸭肉上。

3用酱油、白糖、醋、料酒、水淀粉兑成鱼香汁。

4油锅6成热下步骤2炸透后捞起,待油温上升至8成热再复炸至皮酥脆时捞起,切成4厘米长、2厘米宽的块,皮朝上整齐摆放在盘中。

5锅中留底油,下泡辣椒末炒出红色,加姜末、蒜末、香葱末炒出香味,烹入鱼香汁,收浓后浇到鸭肉上即成。

2

4

5

摆盘 取拐角圆润的长盘，与切成长方形的鸭块相呼应，将鸭块分成两排整齐摆放在长盘中，每一个鸭块都压在后面鸭块的1/2处，再浇上色泽鲜艳的调味汁，呈现出浑然一体且排列有序的感觉。

●○○	咸度
●●○	麻度
●●●	辣度
○○○	甜度
○○○	酸度

青椒蛙仔 ⦀

演变菜式:无

汤鲜蛙嫩,青椒味浓

味型:椒麻味

技法:煮

　　青椒酱是我自创的一款调味汁,主要是体现新鲜青辣椒的特色。这道菜味道鲜美,汤汁饱满,解馋又下饭,汤汁拌饭也很香,让人回味无穷。

名厨秘诀

1 蛙仔在下锅后不宜马上搅动,如果马上搅动,蛙仔上的浆容易脱落,造成汤汁浑浊。

2 黄灯笼椒是目前国内最辣的辣椒之一,可以根据个人口味适量加入。

材料

蛙仔　6 只(约重 500 克)

丝瓜　100 克

青辣椒　30 克

青蒜　50 克

黄灯笼椒　5 克

调料

青椒酱　30 克

盐　5 克

色拉油　20 克

高汤　200 克

藤椒　5 克

做法

1 蛙仔处理干净之后,加底味(即加盐),上浆。丝瓜切片,青蒜切段,青辣椒切成圆片,黄灯笼椒切成小块。

2 丝瓜氽水后,与青蒜一同煸炒,加盐调味后,放入盛器中垫底。

3 炒锅上火烧热之后,加少许色拉油,放入黄灯笼椒炒香,放入青椒酱一同煸炒出香味后,加入高汤略煮,加盐调味。将蛙仔均匀地放入汤汁当中,煨煮至成熟入味,出锅,浇在丝瓜上,点缀藤椒即可。

2

3-1

3-2

●●○○○	咸度
●●●○	麻度
●●●●	辣度
○○○	甜度
○○○	酸度

水煮牛肉 ‖‖

演变菜式：水煮里脊丝、水煮鱼片

辣而不燥，色泽红亮，肉片鲜嫩，滑嫩适口

味型：麻辣味

技法：煮

　　相传北宋年间，四川自贡一带的人总在盐井上装上辘轳，以牛为动力提取卤水。一头壮牛服役时间多则半年，少则3个月。故当地时有役牛淘汰，而当地用盐比较方便，于是盐工们就把牛宰杀了，取肉切片，放在盐水中煮食，其肉十分鲜美，因此能够广泛流传，成为民间的一道名菜。后来，厨师又对"水煮牛肉"的用料和制法进行了改进，成为了流传各地的名菜。此菜中的牛肉片不是用油炒的，而是在辣味汤中烫熟的，故名"水煮牛肉"。

名厨秘诀

1 此菜牛肉上汤非常重要，而且牛肉下锅后不宜马上搅动，以防脱糊。

2 成品出锅后，要将刀口辣椒均匀地撒于牛肉表面，用热油浇在上面，这样才能突显刀口辣椒的香气。

3 牛肉应选择无筋、无皮、无油、无脂的肉最佳，从部位来看，牛后腿最佳。

材料

牛里脊肉	250 克
青蒜	150 克
白菜	150 克

调料

色拉油	200 克（约耗 20 克）
干辣椒	5 克
辣椒面	5 克
郫县豆瓣酱	20 克
酱油	5 克
料酒	3 克
胡椒粉	2 克
盐	5 克
花椒	5 克
姜片	5 克
蒜片	5 克
香葱末	5 克
高汤	100 克
淀粉	5 克

做法

1 牛肉洗净后切成5厘米长、3厘米宽的薄片，放入碗内加少量料酒、酱油、盐码味后用水淀粉搅拌均匀备用。

2 青蒜、白菜择洗干净，切成6.5厘米长。

3 锅内油热放入干辣椒、花椒，炸成棕红色捞出剁细，锅内原油下青蒜、白菜炒断生装盘。

4 另起锅，油热下郫县豆瓣酱炒出红色加高汤稍煮，撇去豆瓣渣，将步骤3的青蒜、白菜再下锅，加酱油、干辣椒、花椒、料酒、胡椒粉、盐、姜片、蒜片烧透入味，捞入深圆盘或荷叶碗内垫底。

5 肉片下锅用筷子轻轻拨散，断生就倒在盘内配料上，撒上干辣椒、花椒末在肉片上，随即淋沸油，使之有更浓厚的麻辣香味，撒上香葱末即可。

刀工：青蒜切段，白菜切块

1

2

4

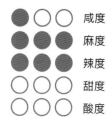

水煮烧白 Ⅲ

演变菜式:无

色泽红亮,辣香十足,肉质细嫩

味型:麻辣味

技法:煮

　　烧白是川菜中非常典型的一种做法,就是将猪肉通过煮、炸的形式,制成特殊的食材。此菜是运用传统的水煮肉的做法,配烧白而成的一道名菜。

名厨秘诀

1配菜用冬菜或芽菜皆可,以突出四川传统酱腌菜的咸香味,猪肉宜用五花肉。

2热油温度较高,能烫出香味。

3烧白不宜切得过厚,以免煮制的时候不易入味。

材料

猪五花肉　500 克

圆白菜　100 克

青蒜　50 克

调料

干辣椒　3 克

水淀粉　5 克

刀口辣椒　3 克

蒜末　10 克

酱油　3 克

花椒粉　5 克

香葱末　10 克

油　20 克

高汤　20 克

料酒　5 克

姜片　5 克

做法

1将猪五花肉刮洗净,冷水下入锅中,水烧开后撇去浮沫,改中火,煮至8成熟时捞出,在肉皮表面均匀地抹一层醪糟汁,下入到8成热的油锅中,炸成枣红色,捞出后改刀成5厘米长,0.5厘米厚的片。

2圆白菜、青蒜洗净切成适合食用的大小。

3锅置火上放油,烧热后下肉片微炒,加高汤、酱油、料酒、花椒粉、刀口辣椒、姜片、烧开移小火上慢煨到7成熟时,放圆白菜、青蒜,待肉熟汁干,挑出姜、刀口辣椒,装盘后撒上香葱末即成。

1　　3-1　　3-2

摆盘 可以用圆形汤盘将配菜垫底，烧白均匀地围摆在底料上，灌汤即可。

● ○ ○	咸度
● ● ●	麻度
● ● ●	辣度
○ ○ ○	甜度
○ ○ ○	酸度

麻婆豆腐 Ⅲ

演变菜式：麻婆豆腐蟹、双色麻婆豆腐

色泽红亮，亮汁亮油，麻辣味厚，细嫩鲜香

味型：麻辣味

技法：烧

　　清同治年间，成都北郊护城河上万福桥头，有一家经营小吃的无名小店，因饭热菜香，经济实惠，引来不少客人。店主陈氏，因脸上长有几颗麻子，人送外号陈麻婆。她烹制的豆腐又麻、又辣、又香，独具风味，生意越做越红火，远近闻名。顾客为了区别于其他的烧豆腐，遂称其为"麻婆豆腐"。后来，为了招徕更多的顾客，该店干脆改为"陈麻婆豆腐店"。现在，此菜已成为川菜中驰名世界的菜品之一。

名厨秘诀

1 豆腐切块之后，应放入淡盐水中浸泡，这样既可以去除其豆腥味，又可以增加豆腐的底味。

2 在汆水时一定要冷水下锅，待水烧开后略煮，然后将豆腐捞出。

3 勾芡时一定要分3次淋入水淀粉，因为豆腐表面比较光滑，不容易挂汁，要通过反复的勾芡，让汤汁均匀地裹在豆腐表面。

材料

豆腐	250 克
牛肉	75 克
青蒜	20 克

调料

辣椒面	3 克
郫县豆瓣酱	15 克
色拉油	15 克
花椒面	3 克
水淀粉	5 克
豆豉	15 克
酱油	5 克
盐	3 克
姜	5 克
料酒	3 克
高汤	20 克

做法

1 将豆腐切成1.5厘米见方的小块。

2 放入加了少许盐的沸水中汆一下，去除豆腥味。

3 将豆豉、郫县豆瓣酱剁碎，青蒜切段，姜切末，牛肉切末。

4 炒锅烧热，放色拉油烧至6成热时放入牛肉末，炒至待酥时烹入料酒，待牛肉末炒成金黄色时放入郫县豆瓣酱、豆豉、姜末、辣椒面同炒至牛肉熟透，下高汤煮沸。

5 放入豆腐改小火煮制，待汤略干即下青蒜慢慢收汁，汁浓亮油后用水淀粉勾芡，轻轻装碗，撒上花椒面即成。

2

4

5

摆盘 选用深窝盘或者汤盆都可以，因为此菜需要保温，要用特殊的容器盛装。

大荤野鸡红 ///

演变菜式：泡椒鸡丝、泡椒牛柳

菜色美观，肉丝细嫩，味辣略酸

味型：泡椒味

技法：炒

材料

猪瘦肉	200 克
芹菜	75 克
胡萝卜	75 克

调料

郫县豆瓣酱	20 克
水淀粉	10 克
色拉油	150 克（约耗 20 克）
酱油	5 克
高汤	50 克
料酒	5 克
醋	5 克
盐	5 克

名厨秘诀

1 猪肉丝、胡萝卜丝和芹菜丝切的长度大致要相等，炒出来的菜品看起来会比较均衡。

2 炒肉丝时，油温不宜过高，这样才会使肉丝更加细嫩。

3 调芡汁时要把握好各调料的用量。

做法

1 猪肉切丝，用料酒、盐腌制，用水淀粉拌匀。

2 胡萝卜去皮，芹菜、胡萝卜分别切成与猪肉等长的丝，分别加一点盐腌制一下。

3 碗内放酱油、醋、高汤、水淀粉兑成芡汁。

4 锅内油烧至6成热，下肉丝炒散，下郫县豆瓣酱炒香，下胡萝卜丝、芹菜丝炒匀，烹入芡汁翻炒均匀，装盘即成。

摆盘 用白色圆盘盛装即可，肉丝、胡萝卜丝、芹菜丝三色主料错落有致，相互融合，无需做太多装饰，低调装盘，简单调整就好，美味自在其中，食客看到这道菜自然是忍不住想要品尝的。

辣子鸡丁 II

演变菜式:辣子兔丁、辣子虾仁、辣子鱼丁

色泽红亮,质地细嫩,味鲜带辣

味型:泡椒味

技法:炒

材料

鸡胸肉 200克	白糖 2克
荸荠 20克	水淀粉 35克
青辣椒 10克	色拉油 15克
	泡辣椒 20克

调料

盐 3克	醋 10克
酱油 5克	姜片 5克
料酒 5克	蒜片 5克
葱丁 10克	高汤 30克

名厨秘诀

1 要选用仔公鸡的鸡胸肉或鸡腿肉。

2 炒制时,泡辣椒要炒上色,荸荠应保持脆嫩。

3 鸡肉经过剞刀后易熟,鸡丁大小要均匀。

摆盘 这道菜鲜艳红亮,用简洁的白色方盘盛装就好。菜品堆在盘中央,盘子的四个角落充盈着汤汁,绿色辣椒段镶嵌在鸡丁当中,色彩对比鲜明。

做法

1 荸荠切成约1厘米见方的丁;青辣椒切成短节。

2 鸡胸肉先剞3毫米见方的十字花纹,再切成约1.5厘米见方的丁,装入碗内,加料酒、酱油、盐、水淀粉拌匀。

3 另取一碗,加酱油、醋、白糖、水淀粉、高汤调成芡汁。

4 炒锅置火上,放色拉油烧至7成热,放入鸡丁炒散,加入泡辣椒炒上色,放姜片、蒜片、葱丁、荸荠炒出香味,烹入芡汁,待锅内收汁亮油时起锅装盘即可。

宫保鸡丁 II

演变菜式：宫保兔丁、宫保腰块、宫保肉花、宫保虾仁

色泽棕红，鲜香细嫩，辣而不燥，略带甜酸味

味型：糊辣荔枝味
技法：炒

　　宫保鸡丁这道菜是四川饭店镇店的名菜，是典型的蓉派川菜的口味，以成都口味为主，吃的主要是糊辣荔枝味。所谓糊辣荔枝味是指吃到嘴里是酸甜口，先酸后甜，糊辣味主要来自于花椒、辣椒。相传清末四川总督丁宝桢爱吃这道菜，他死后被追赠"太子太保"（"宫保"之一），这道菜也因此而得名。

名厨秘诀

1鸡肉拍松，再刻上十字花刀，成熟快，易入味。

2干辣椒要先下锅，花椒后放，这两样一定不能同时下锅，如果同时下锅，花椒已经出了香味，辣椒可能还没有上色，会导致最后口味不均衡。所以一定要先下入辣椒，让辣椒颜色变成深褐色，香味已经出来了，这时再下入花椒。

3花生米在成菜起锅时再放入，保证酥脆。

材料

| 鸡胸肉 | 200 克 |
| 花生米 | 50 克 |

调料

干淀粉	10 克
水淀粉	5 克
干辣椒	10 克
料酒	3 克
高汤	10 克
白糖	5 克
酱油	5 克
姜片	5 克
葱段	5 克
花椒	5 克
鸡蛋清	25 克 (约 1 个量)
醋	4 克
盐	3 克

做法

1把鸡肉平摊在菜板上，用刀背拍松，然后刻上十字花刀，切成约1.5厘米的方丁；干辣椒切段。

2鸡丁放在碗里，加上盐、料酒、鸡蛋清、干淀粉搅拌均匀。

3花生米用热水浸泡，去掉红皮，放在温油内小火炸至金黄色时盛出备用。

4鸡丁放入6成热的油中，滑散断生时倒入漏勺。

5在热锅里放少许油，放入干辣椒段、花椒煸炒，当辣椒变成深褐色时，放入葱段、姜片煸炒后，放入鸡丁，加酱油、醋、白糖、盐煸炒均匀，淋入水淀粉勾芡，加入花生米，淋入明油，搅拌均匀后装盘即可。

1　　2　　5

●●●○	咸度
○○○○	麻度
●●○○	辣度
●●○○	甜度
●●○○	酸度

鱼香八块鸡

演变菜式：鱼香里脊

酥脆软嫩，回味悠长

味型：鱼香味

技法：炸熘

　　鱼香味是四川独有的一种烹调手法，讲究的是咸、甜、酸、辣互不压味，葱、姜、蒜味突出。这道菜鸡肉中透着鱼香味。

名厨秘诀

1 鸡胸肉先刻十字花刀，再切菱形块，有利于鸡肉入味。

2 鸡蛋和干淀粉调糊时以鸡块都能粘裹上为度。

3 炸鸡肉时断生即可，不可炸得过老。

材料

鸡胸肉　300克

调料

鸡蛋　1个

泡辣椒　20克

水淀粉　10克

香葱末　10克

姜末　10克

蒜末　10克

料酒　5克

盐　3克

白糖　5克

熟菜籽油　1000克（约耗100克）

高汤　40克

醋　10克

干淀粉　10克

酱油　5克

做法

1 先在鸡胸肉上刻上十字花刀，再切成菱形块。

2 加入料酒、盐入味。

3 鸡蛋磕入碗内打散，加入干淀粉调成糊状；另在一个碗内放入盐、白糖，加入料酒、醋，放入酱油少许，加入水淀粉和高汤，调匀成芡汁。

4 在锅内放油，大火烧至7成热时，放入鸡块（先挂鸡蛋淀粉糊），逐块地放入油中，炸至断生，倒至漏勺。

5 锅内打底油，放泡辣椒、姜末、蒜末炒香出色，放入炸好的鸡块，烹上芡汁，翻炒均匀。

6 放香葱末，淋明油，即可出锅装盘。

1

4

5

选用白色宽边盘子,更能衬托菜品的鲜艳红亮。鸡肉堆置在盘中,中间部分摆高一点,周围的汤汁隐约可见,给人味美多汁的感觉。盘子边缘最宽处放上小花略作装饰即可,装饰不宜太复杂。

1

5

6

做法

1鸡肉刻十字花刀,刀口不宜过深,再改切成长4厘米、宽2.5厘米的菱形块;冬笋滚刀切成梳子背形。

2在碗里放料酒、醋、高汤、白糖,放入盐和水淀粉,兑成芡汁。

3在鸡肉内放入料酒、盐,拌匀。然后加入鸡蛋清、水淀粉,拌匀。

4冬笋氽透,捞出后把水沥干。

5炒锅内放油烧至5成热,放入鸡块,滑散。断生时倒在漏勺内。

6炒锅内留底油,放泡辣椒末,加葱片、姜片,放入冬笋,倒入鸡块,同时煸炒,这时烹入芡汁,翻炒均匀,淋入明油即可出锅。

醋熘凤脯 II

演变菜式:醋熘鸭胸

色泽红亮,质地嫩黄,醋香味浓且微辣,冬笋鲜脆

味型:咸酸味

技法:滑熘

材料

鸡胸肉 200 克	色拉油 20 克
冬笋 50 克	葱片 5 克
	姜片 2 克
	高汤 20 克

调料

醋 15 克	盐 3 克
料酒 5 克	水淀粉 5 克
白糖 5 克	泡辣椒末 10 克
	鸡蛋清 25 克(约 1 个量)

名厨秘诀

1鸡肉刻十字花刀时,刀口不宜过深,否则切成菱形块制作的时候肉块很容易散开。

2炸鸡肉时注意控制火候,炸至断生即捞出,不能炸得过老。

摆盘 选用古典一点的长方形盘子,将盘子一端有花纹的地方留出一些空白,菜品盛放在盘子另一端,占2/3的位置。盘子本身已经带有些许底纹,无需再做其他装饰。

炒樟茶鸭丝

演变菜式:鱼香鸭丝、仔姜炒鸭丝、青椒炒鸭丝

味道爽脆,烟熏味飘香扑鼻

味型:家常味

技法:爆炒

材料

		调料	
樟茶鸭	250 克	盐	2 克
嫩姜	75 克	白糖	2 克
新鲜红辣椒	15 克	香油	2 克
干红辣椒	10 克	色拉油	10 克
芹菜	50 克		

名厨秘诀

1 樟茶鸭先去大骨再切成丝,这样处理不容易浪费,且利于成形。

2 因樟茶鸭本身带有咸味,烹调此菜时要先将辅料略炒后调味,辅料入味后再放樟茶鸭丝。如果先炒樟茶鸭丝,成菜菜品味道不稳定,容易出现味道偏重的问题,影响成菜的口感。

3 炒嫩姜、红辣椒和芹菜丝的时间不宜太长,否则会影响成菜的脆爽感。

做法

1 樟茶鸭去骨后切成二粗丝[①];嫩姜、新鲜红辣椒、芹菜也切成二粗丝;干红辣椒切成约 1.5 厘米宽的小段。

2 将炒锅置于火上,倒入色拉油烧至 5 成热,下樟茶鸭丝入锅滑油约 1 分钟,出锅沥油。

3 另取干净炒锅置于火上,下入色拉油,大火烧至 4 成热,下嫩姜丝、新鲜红椒丝、芹菜丝、干红辣椒段炒香。

4 调入盐、白糖炒匀入味后再下入樟茶鸭丝炒匀后淋香油出锅装盘即成。

注:①二粗丝,指切成二分宽的粗丝(一般长约 5 厘米、粗 0.5 厘米)

摆 盘 樟茶鸭颜色较重,适合搭配白色椭圆形的盘子。炒制好的菜品堆置在盘中,占盘子约 2/3 的空间,无需特别摆放,在盘子剩下的 1/3 空白处放几朵小花做装饰。菜本身的味道偏重,但配上白色的盘子和别致的小花后,给人一种平衡的感觉。

●○○	咸度
○○○	麻度
●●○	辣度
○○○	甜度
○○○	酸度

灯笼全鸭

演变菜式:无

色泽红亮,质地嫩烂,微辣鲜香,是宴会菜的大菜之一

味型:香辣味

技法:炖煮

　　这道菜是宴会菜的大菜之一。鸭肉是老少皆宜的食材,可以通过炖煮的方式让鸭肉中的油脂充分挥发掉,吃起来的口感非常软糯。

　　由于地理环境的原因,川菜好像更善于陆生原料菜肴的制作,特别是对禽类菜肴更是有其无法比拟之优势,精烹细调,制作出了味美色佳、带有浓郁地方特色的美馔佳肴。

　　灯笼全鸭是其中的佼佼者。它以四川特有之湖鸭为主要原料,佐以郫县豆瓣酱、干红辣椒合制而成,具有鸭肉细嫩、油而不腻、咸鲜醇辣、浓而不燥的口感。特别值得一提的是菜肴有与众不同的通红透亮之色,鸭子放入盘中,色泽枣红,红中发亮,亮中浸油,油汁相融,薄薄的一层汁均匀地浇在鸭上,极富光泽,犹如大红灯笼那样,甚是招人喜爱。这也正是菜肴名称的由来。

名厨秘诀

鸭子在煮制的过程当中,为了避免其不成形,可以用豆包布将鸭子整个包裹起来再进行炖煮,这样可以保证鸭子的外形整齐。

材料

白条鸭　1只(约重2 000克)

调料

盐　15克

料酒　10克

胡椒粉　5克

郫县豆瓣酱　20克

干红辣椒　15克

高汤　500克

水淀粉　20克

香葱末　10克

做法

1 将鸭子去膛洗净,用盐、料酒、胡椒粉腌制入味。干红辣椒切段。

2 将郫县豆瓣酱、干红辣椒炒香后,加入高汤,打去残渣后,将鸭子放入汤中,小火煨至炣烂,取出,胸脯朝上,摆放在盘中。

3 原汤淋水淀粉勾芡,将汁浇在鸭肉上。

4 香葱末散放在鸭肉上,做点缀即可。

2-1

2-2

3

摆盘 选用大的圆盘，里面可以放入一些油菜、西蓝花等作为色泽的搭配，也可以放一些新鲜豌豆、青豆作为点缀。

酸椒鹅肠

演变菜式：酸椒牛蛙，酸椒鱼片

酸辣爽口，鹅肠脆爽

味型：酸辣味

技法：汆

材料

鹅肠　300 克

金针菇　100 克

莴笋　60 克

调料

盐　5 克

高汤　200 克

青线椒　15 克

红线椒　15 克

黄灯笼椒　15 克

葱段　10 克

姜片　10 克

花椒　10 克

米醋　20 克

名厨秘诀

1 在前期加工鹅肠的时候可少量使用一些食用碱，这样处理出来的鹅肠口感更加脆嫩。

2 黄灯笼椒煸炒时油温不宜过高，以免影响其酸度和辣度。

做法

1 将莴笋洗净，切成丝；金针菇洗净，掰成均匀的条；鹅肠改刀成6厘米长的段；黄灯笼椒切碎；青、红线椒切成小圆片。

2 笋丝与金针菇一同入开水锅中微烫，下锅加盐煸炒，放在容器中垫底。

3 炒锅留底油，放入葱段、姜片，放入黄灯笼椒炒香，加入高汤、花椒，调入盐、米醋，将鹅肠放入烫煮入味后出锅装盘。最后撒入青红线椒即可。

摆盘 适宜用汤盘或者一些造型独特的器具盛装，也可以分成小份食用。

泡菜鱼

演变菜式:酸菜鱿鱼

鱼肉细嫩,鲜香微辣

味型:家常味

技法:氽

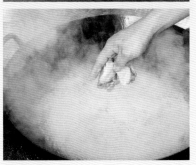

材料

草鱼 1条(约重750克)	姜末 5克
泡青菜 50克	蒜末 10克
心里美 50克	醋 5克
胡萝卜 50克	醪糟汁 10克
	盐 3克
	高汤 500克
	水淀粉 5克

调料

泡辣椒 5克	色拉油 10克
酱油 5克	
料酒 3克	

名厨秘诀

1 处理鲜鱼的时候注意不要弄破苦胆,不然鱼就不能吃了。

2 烧鱼时汤不宜多,以刚没过鱼身为度。

3 泡青菜用梗不用叶。

摆盘 这道菜分量很大,是川菜宴席菜的大菜之一,宜选用容量较大的砂碗盛装,盘底要厚重一些才好,这样能比较持久地保持菜品的温度。

做法

1 将新鲜的草鱼处理干净,然后切成两半,剔去鱼骨,斜刀划成鱼片,加料酒腌制片刻。

2 心里美、胡萝卜分别去皮,切丝;泡青菜挤干盐水,切丝。

3 水烧开,放入鱼片,煮至断生时捞出控水。

4 锅留底油,放入姜末、蒜末、醪糟汁炒出香味,放入料酒、泡辣椒、酱油、醋、盐、高汤搅拌均匀再放入鱼片、泡青菜、心里美和胡萝卜,烧约5分钟,中途要不停搅拌。

5 待鱼入味后,加水淀粉勾芡起锅,装盘即可。

		咸度
● ● ○	咸度
● ● ○	麻度
● ● ○	辣度
○ ○ ○	甜度
○ ○ ○	酸度

锅贴鱼片 ‖

演变菜式：无

鲜香细嫩，味鲜可口，造型美观

味型：咸鲜味

技法：贴、煎

　　锅贴鱼片是四川的一道传统菜肴。这种贴的技法在很多菜系中都能运用，在川菜中应用也非常广泛。贴的技法是一种半煎的状态，通过煎制的手法将菜品制熟。这道菜是由当时武则天非常爱吃的一道以贴的技法做的菜演变而来的。

名厨秘诀

1 鱼片和肉片要切薄一点，太厚了不容易煎熟。

2 煎鱼片时随时转动锅，以使其受热均匀。

3 火力大时，锅要暂时离火，适当降温后再放回火上，以防肉片煎煳。

做法

1 先把鱼肉片成4厘米长、3厘米宽、3毫米厚的片，加盐、料酒拌匀入味。五花肉片成4厘米长、3.5厘米宽、3毫米厚的片。

2 猪瘦肉剁成馅，放入碗中，再放入香菇粒，加酱油、料酒、盐、鸡蛋清、水淀粉搅匀。

3 鱼片上铺上一层肉馅，盖一层鱼片，再铺一层肉馅，再盖一层鱼片，即三层鱼片，两层肉馅。然后放在五花肉片上。

4 锅内放油，烧至5成热，将鱼片有肉片的一面朝下贴在锅中，中小火煎至五花肉呈焦黄色，鱼片熟时，起锅装盘。

5 另起锅，油烧热，放入郫县豆瓣酱，加蒜末、姜末、花椒盐炒香，加水淀粉勾芡，将汁倒在鱼片上即成。

材料

净黑鱼肉	250 克
香菇粒	20 克
猪瘦肉	100 克
猪五花肉	100 克

调料

郫县豆瓣酱	10 克
酱油	5 克
料酒	3 克
蒜末	10 克
姜末	10 克
鸡蛋清	25 克（约 1 个量）
水淀粉	5 克
盐	2 克
花椒盐	5 克

1

3

5

用专用的精致小长盘, 盘子整体呈长方形, 表面有纵向沟纹, 中间有几个等大的小碟状凹陷, 刚好把鱼片分为几个小份, 每一小份都相对完整。菜品鲜艳红亮, 可用青、红辣椒丝做点缀。

1-1

1-2

2

干烧鲜鱼 ||

演变菜式：干烧鳜鱼、干烧鲤鱼、干烧鲫鱼

鱼形完整，质地细嫩，味儿咸、辣、鲜、稍甜

味型：香辣味

技法：烧

材料

草鱼　1尾约（750克）	白糖　10克
猪肉丁　100克	郫县豆瓣酱　25克
	高汤　200克
	盐　5克

调料

姜粒　10克	醋　7克
蒜粒　15克	料酒　5克
葱粒　25克	辣椒油　10克

名厨秘诀

1炸鱼时要控制好火候，油温不能太高，鱼下油后火力不能太大，以免外焦里不熟。

2鱼烧制时要用小火，且中间要把鱼翻一次，以使两面均匀受热。不能用大火，大火很容易就把汤汁烧干了。

做法

1在经过初步加工后的鱼身两面刻上十字花刀，用盐、料酒入味。

2锅内油烧至6成热，把鱼放入锅中，炸至鱼皮出现皱纹时捞出。

3锅内留底油，放猪肉丁炒透，加入姜粒和蒜粒，炒香之后捞出。

4油锅内放入郫县豆瓣酱，炒香之后加料酒、高汤，煮沸后把酱渣捞出。

5把鱼放入锅中，改用小火，加入白糖，把煸炒后的步骤3放入锅中，在烧制的过程当中，鱼应当翻一次面，汤汁快收干时把鱼取出。

6用大火收浓汤汁，加入辣椒油、醋、葱粒，然后浇到鱼身上即可。

摆盘 选用简洁的白色长椭圆形盘子，这样更能衬托出菜品的颜色鲜亮，汤汁鲜辣。这道菜颜色本身就很诱人，不需要另做装饰，以突出鱼形的完整感。

煳辣姜汁鱼

演变菜式：煳辣蹄花

热鱼冷调味，鱼肉细嫩，咸酸香辣，清淡可口

味型：咸酸香辣味

技法：蒸

材料

材料		
草鱼 1尾约(750克)	料酒 5克	
猪网油 50克	胡椒粉 1克	

调料

调料		
色拉油 125克(约耗20克)	姜末 10克	
酱油 10克	葱段 10克	
醋 30克	姜片 10克	
白糖 15克	高汤 50克	
盐 5克	干辣椒 10克	
	花椒 10克	
	香油 3克	

名厨秘诀

1 鱼处理干净后，要放入开水中稍煮，然后放温水中去皮。

2 鱼上笼蒸前揉干水气，码味再盖上网油，放置半小时后上笼蒸制，蒸的时间不宜过长，否则鱼肉变老影响口感。

3 炸辣椒、花椒时注意不要炸煳了，炸成棕红色即捞出。

摆盘 选用长椭圆形的白色盘子盛装，汤汁颜色看着很红艳，其实鱼肉吃起来不是特别辣，爱吃辣的食客可以在鱼肉上面加一点汤汁吃，口味偏淡的食客，可以把鱼身表面的辣椒、葱姜末拨开，只吃鱼肉，鱼肉本身的味道是非常清淡可口的。

做法

1 鱼处理干净。鱼身两面切一字斜刀，放入开水中稍煮后揉干水分。

2 鱼用料酒、盐、胡椒粉腌制，姜片、葱段放鱼上，盖上网油，半小时后上笼蒸15分钟取出，去掉网油、葱、姜，将鱼移放另一盘内。

3 取一碗，放入姜末、盐、酱油、醋、白糖，加烧沸的高汤兑成芡汁。

4 锅内油烧热，下入干辣椒、花椒，炸成棕红色捞出，剁碎，放碗内，再放酱油、醋、盐、姜末、香油和少许高汤，兑成煳辣姜汁，浇在鱼上即成。

豆瓣鱼 ‖

演变菜式:豆瓣鳜鱼、豆瓣鲈鱼、豆瓣青鱼

色泽红亮,鱼肉细嫩,豆瓣味浓,香辣中微带甜酸

味型:豆瓣味

技法:烧

材料

草鱼　1尾(约重750克)	蒜末　20克
	料酒　3克
	酱油　10克

调料

郫县豆瓣酱　20克	醋　20克
盐　5克	白糖　5克
姜末　15克	水淀粉　5克
	高汤　300克
香葱末　10克	色拉油　500克(约耗50克)

名厨秘诀

1 鲜鱼可选用鲫鱼、鲤鱼或草鱼等,炸时不宜太久,以"紧皮"为度。

2 郫县豆瓣酱、姜末、蒜末要炒出香味,烧鱼时用中火,鱼以入味为佳,鱼形要完整。

3 最后撒上香葱末,既可增加香味,又能保持其青翠的颜色。

做法

1 鱼经初加工后,在鱼身两侧各剞十字花刀,加盐、料酒码味;郫县豆瓣酱剁细。

2 锅置大火上,油烧至7成热,放入鱼炸去表面水分后捞起。

3 锅内留油20克,放入郫县豆瓣酱炒香至油呈红色,加姜末、蒜末及香葱末炒出香味,再加酱油、盐、醋、白糖、高汤烧沸,放入鱼用中火烧至断生,将鱼拣装入盘。

4 另起锅,锅内放醋,用水淀粉勾芡,起锅淋在鱼身上,撒上香葱末即成。

摆盘 这道菜鱼形完整,宜选用和鱼长度大致相同的长盘,将整条鱼卧在盘中,浇上浓厚的汤汁,汤汁渗透到鱼身表面的十字花刀中,让鱼充分入味,鱼身表面再撒上青翠的香葱末,既可提香,又具有装饰效果。

大蒜烧鳝段 II

演变菜式:无

成菜颜色红亮,鳝鱼软嫩爽口,蒜香味浓郁

味型:咸鲜味

技法:烧

材料

去骨鳝鱼	200 克
大蒜	100 克
青辣椒	20 克
红辣椒	20 克

调料

郫县豆瓣酱	20 克
盐	2 克
白糖	3 克
料酒	2 克
酱油	5 克
水淀粉	10 克
高汤	30 克
色拉油	100 克 (约耗 20 克)

名厨秘诀

1 鳝鱼要选用新鲜的活鳝鱼。修整后的蒜瓣大小要均匀。

2 鳝鱼下油锅时,炸至鳝鱼段卷缩即可捞出,不能炸过头。

3 烧制时要先放大蒜炒香再放鳝鱼煸炒,这样出来的菜品香气才足,整体口感才会软糯滋润。

摆盘 菜品选用开口较大的圆盘盛装,蒜瓣和鳝鱼的量大致相等,看到菜品就能让人感受到浓郁的蒜香味。青辣椒和红辣椒切成斜段,以增加菜品的形态变化。

做法

1 将去骨鳝鱼去头后洗净血水,切成6厘米长的段。大蒜去皮后将顶部和底部修整齐。青辣椒、红辣椒斜切成段。

2 炒锅放入色拉油,大火烧至8成热,下鳝鱼段炸至卷缩,捞出沥油。

3 锅留底油,大火烧至6成热时放入蒜瓣、郫县豆瓣酱,煸炒出香味后,放入鳝鱼段、青辣椒段、红辣椒段,炒至油色红亮时,倒入高汤,加盐、白糖、料酒、酱油调味。

4 烧至汤汁收浓时加入水淀粉勾芡,装入圆盘即可。

◕○○	咸度
○○○	麻度
◕◕○	辣度
◕◕○	甜度
◕◕○	酸度

干烧岩鲤 〢

演变菜式：干烧大虾

色泽金红，肉质细嫩，味道鲜美，微带香辣

味型：香辣味

技法：干烧

　　岩鲤头小背厚，肉嫩刺少，颜色灰黑发亮，常游动在江河的岩石之间，形状像鲤鱼，故得名岩鲤。烹制的时候要用高汤，烧好后见油见汁不见汤，味道极其鲜美，鱼肉细嫩，色泽金黄发亮。

名厨秘诀

1 岩鲤背部肉厚，鱼身两面剞上十字花刀后，要用盐抹遍全身以入味。

2 炸鱼时，皮稍出现皱纹时即捞起，炸制时间不宜太久。

3 烧制的时候，要用小火，并适时将鱼翻面，以使鱼肉熟透入味。

材料

岩鲤	1 尾（约重 1000 克）
肥瘦猪肉	50 克

调料

郫县豆瓣酱	30 克
蒜粒	20 克
葱粒	20 克
醋	5 克
盐	5 克
醪糟汁	10 克
白糖	3 克
姜丁	15 克
高汤	150 克
色拉油	1000 克（约耗 50 克）
料酒	5 克

做法

1 鱼经初步加工后，在鱼身两面各剞十字花刀，用盐、料酒抹遍鱼身，腌渍入味。肥瘦猪肉切成绿豆大的粒。郫县豆瓣酱剁碎。

2 炒锅置大火上，下油烧至8成热，放入鱼炸至鱼皮稍现皱纹，捞起。

3 锅内留油20克，放入肉粒炒至酥香，盛入盘中。

4 锅内再下油30克，下郫县豆瓣酱炒至油呈红色，加入高汤烧沸出味，捞去豆瓣渣，放入鱼和炒酥的猪肉、盐、姜末、蒜末、醪糟汁、白糖，改用小火烧至汁稠鱼熟，烧制的时候适时将鱼翻面。

5 加入葱粒、醋，把锅轻轻转动，同时不断将锅内汤汁舀起，淋在鱼身上，至亮油不见汁时即成。

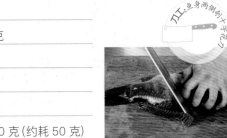

刀工：鱼身两侧剞制十字花刀

1-1

1-2

5

摆盘 这道菜鱼形完整，且表面颜色较深，选浅色盘子比较好，白色长盘最适宜，能突出菜品的颜色。高汤烧制好后浓缩成汁，浸入鱼肉，使鱼的味道香辣鲜美。

家常鱿鱼

演变菜式:海参烧鱿鱼

色泽红亮,肉质柔软,味道香辣

味型:家常味

技法:烧

材料

水发鱿鱼	300 克
肥瘦猪肉	50 克
油菜	50 克

调料

郫县豆瓣酱	10 克	葱段	10 克
酱油	5 克	水淀粉	5 克
醋	5 克	高汤	300 克
料酒	3 克	干红辣椒段	5 克
姜片	5 克	色拉油	15 克

名厨秘诀

1 干鱿鱼要充分涨发

2 烹制的时候要掌握高汤、水淀粉的用量,此菜应做到收汁亮油。

3 用高汤煨鱿鱼的时间不宜过久,应与烹制时间相近。

4 油菜要选用新鲜的,叶脆嫩的。

做法

1 鱿鱼切成长方形片,猪肉剁成末,郫县豆瓣酱剁成末。

2 鱿鱼和油菜分别放入开水中氽透,鱿鱼捞出后用高汤煨着。

3 炒锅置火上,放色拉油烧至5成热,放入葱段、姜片、干红辣椒段炒香,加郫县豆瓣酱末煸炒,加猪肉末炒散。

4 烹入酱油、醋、料酒、高汤烧沸,步骤2滤去汤的鱿鱼放入锅中略烧一下,用水淀粉勾芡,盛出装盘,油菜装盘围边码放。

摆盘 选用带蓝色花边的圆盘,鱿鱼片整齐地码放在盘中央,油菜挨个有序地围着鱿鱼片摆放,摆放的方向一致。

干煸鳝丝

演变菜式：干煸鱿鱼

色泽红亮，肉质细嫩，麻辣味香

味型：麻辣味

技法：干煸

材料

黄鳝　300克	盐　3克
香芹　50克	酱油　5克
鲜红辣椒　50克	醋　5克
	料酒　3克
	花椒粉　3克
	香油　2克

调料

郫县豆瓣酱　5克	色拉油　5克
姜丝　5克	高汤　5克
蒜　5克	干辣椒　5克
葱丝　5克	胡椒面　3克
	淀粉　5克

名厨秘诀

1 鳝鱼要选用新鲜的活鳝鱼，死后的鳝鱼有毒，不能食用。
2 鳝鱼要洗净涎液，切的丝不能太细。
3 煸炒时火力不宜过大，以使鳝鱼入味，且鳝鱼肉质细嫩。

做法

1 将鳝鱼宰杀，去内脏和骨刺，将鳝鱼肉洗净沥干水分，切成7厘米长的丝，装碗内，放入盐、料酒腌至入味，然后抓匀淀粉待用；将干辣椒、葱、姜分别切丝，蒜切末。

2 香芹择叶洗净后切成7厘米长，鲜红辣椒切丝后备用。

3 炒锅上火，放油烧至7成热，将鳝鱼丝分散投入锅中，烹料酒，炸制表皮发黄时，捞出沥油。

4 原锅内留底油，放入郫县豆瓣酱炒出红色，下辣椒、葱丝、姜丝、蒜末，煸出香味后下入鳝丝煸炒，加入盐、料酒、酱油、胡椒面和高汤炒至酥软加入香芹和辣椒丝继续翻炒，拌匀淋上香油即可。

摆盘 干煸鳝丝是一道宴席菜品，在盘子的选用上宜典雅大方，用盘边带有蓝色花纹的盘子盛装，盘底主色为白色，原材料均切成丝状，绿色的芹菜丝和红色的辣椒丝量相等，自然盛装在盘中即可。

咸度 ●○○
麻度 ●●○
辣度 ●●○
甜度 ○○○
酸度 ○○○

双笋焗黄鳝 ♪

演变菜式：无

鳝鱼软糯，冬笋甘香，莴笋爽口，色泽红亮

味型：椒麻味

技法：焗

　　这道菜是我自创的一道菜品。为了迎合当下食客的口味，以麻辣的形式呈现，尤其是鲜花椒的应用，充分地体现出菜麻香的味道。而且通过焗的方式，能够让鳝鱼及冬笋、莴笋更加入味。

名厨秘诀

1这道菜关键是在炸鳝鱼和冬笋、莴笋时要注意火候，炸得不能过干，过干的话会影响菜肴的整体口感。

2鲜花椒一定是在出锅前放入，这样能充分挥发出鲜花椒的香气。

材料

黄鳝	400 克
冬笋	50 克
莴笋	50 克

调料

豆豉酱	10 克
郫县豆瓣酱	5 克
干辣椒	10 克
花椒	2 克
葱节	15 克
蒜片	10 克
姜片	10 克
酱油	5 克
白糖	5 克
盐	3 克
水淀粉	5 克
鲜花椒	3 克
高汤	100 克
色拉油	20 克

做法

1鳝鱼切段，冬笋和莴笋分别切条。

2将鳝鱼下入7成热的油锅中炸至微干，捞出沥油。冬笋和莴笋氽水之后也一同放入7成热油锅中炸至金黄色后，捞出沥油。

3锅内留底油，下入郫县豆瓣酱、豆豉酱炒香，放入葱节、姜片、蒜片、干辣椒、花椒，调入盐、白糖、酱油，加高汤，将鳝鱼及炸好的冬笋、莴笋放入锅中，中火煨至入味即可。

4淋水淀粉收汁，加入鲜花椒，淋上明油，搅拌均匀出锅即可。

1

2

3

摆盘 这道菜具有明油亮芡的特点, 可使用平盘或者稍陡的盘子盛装, 以直接堆放的方式摆盘。

●○○	咸度
●○○	麻度
●●○	辣度
●○○	甜度
○○○	酸度

炝锅鲈鱼

演变菜式：无

鲈鱼肉外焦里嫩，成菜色泽红亮

味型：麻辣味

技法：烧

　　这道菜的最大特点是鱼肉先烧后炸。一般做鱼的方式是将鱼先炸后烧，这道菜刚好和其他做鱼方法相反，先将鲜鱼烧制入味，再通过高温油炸制，将鱼肉的汤汁充分锁在鱼肉当中，吃起来的口感是外焦里嫩。

名厨秘诀

1 在烧鱼的时候，火力不能太大，一定要保持鱼的完整，而且在炸鱼的时候，油温一定要升到8成热左右，如果油温过低，会破坏整条鱼的造型。

2 在调汁的时候，刀口辣椒的处理一定要火候得当，否则会影响菜品的口感。

材料

鲈鱼　1尾（约重750克）

调料

刀口辣椒	10克
蒸鱼豉油	5克
青小米辣椒	5克
红小米辣椒	5克
姜末	10克
蒜末	10克
香葱末	10克
郫县豆瓣酱	5克
高汤	100克
白糖	5克
醋	10克
盐	3克
酱油	5克
色拉油	1000克（约耗50克）
熟白芝麻	3克

做法

1 鲈鱼宰杀后，处理干净，在鱼背上剞一字花刀。

2 锅内下油，将郫县豆瓣酱炒香，放入姜末、蒜末、高汤，加盐、醋、白糖、酱油调味，将鱼直接放入汤汁当中，小火炖煮至8成熟，将鱼捞出。

3 油锅上火，将色拉油烧至8成热，将炖好的鱼下入油锅中，通过高温油的炸制，让鱼肉表面呈金黄的状态，将鱼肉捞出。将刀口辣椒、青红小米辣椒、蒜末、香葱末、酱油放入碗内，调成汁，浇在鱼背上。

4 最后将色拉油烧热，浇在调料上，炸香调料，撒熟白芝麻即可。

1

2

4

这道菜以整鱼的形式体现, 颜色红亮, 宜选用白色椭圆形盘子盛装, 以突显菜品的整体形态和菜品自身的色泽。上面撒上翠绿的香葱末, 点缀的同时还可以提鲜。

●○○	咸度	
●○○	麻度	
●●○	辣度	
●○○	甜度	
○○○	酸度	

葱椒香鲈鱼

演变菜式：醋烹鲤鱼、醋烹鲈鱼

鱼鳞、鱼皮是酥脆的，鱼肉非常鲜嫩，是鱼和豆豉完美的结合

味型：咸鲜味

技法：炸

　　这道菜是我自创的。鲈鱼可以说浑身都是宝，所以在制作这道菜时要选用新鲜的鲈鱼，其最大特点是鱼不去鳞。在最后一个步骤，就是把调好的汤汁浇在鱼身上的时候，会有滋滋的响声，其实就是鱼的高温和汤汁碰撞在一起出现的特效。通过滋滋的响声，也是一个汤汁渗透的过程，等滋滋声音停止后，我们会发现鱼鳞依然是立着的，但是汤汁已经进入到鱼肉中。这样吃起来鱼鳞、鱼皮是酥脆的，鱼肉非常鲜嫩。

名厨秘诀

1 处理鲈鱼的时候，注意不要去鳞，这是这道菜最大的特点，而且剖花刀是在鱼腹内侧。

2 鱼要经过两次炸制，第一次炸制的时候一定要鱼腹朝下入油锅中，通过高温油炸的方式，瞬间就让鱼鳞全部立起来了。第二次炸制是为了让鱼肉吃起来更加酥嫩。

做法

1 将鱼从鱼腹部分劈开，鱼背部是连着的，然后去内脏，去腮，去鱼骨，不去鳞，在鱼腹内侧剖上十字花刀，加葱、姜、料酒腌制，使之充分入味。

2 油锅内倒油，烧至6成热时，把控干水分的鲈鱼鱼腹朝下放入油锅中，大约炸1分半钟的时间，这时鱼鳞是全部立起来的状态。把整个鱼捞起来，待油温升至8成热后，二次复炸，然后捞出放在盘中。

3 取一碗，加豆豉酱、刀口辣椒，加酱油、蒜末、白糖、姜片、醪糟汁调成碗汁。

4 把花椒油烧热，倒在盛放步骤3的碗中，搅匀后倒在鱼身上，撒上香葱末即可。

材料

新鲜鲈鱼　1尾（约重750克）

调料

葱段　5克

姜片　3克

豆豉酱　5克

刀口辣椒　5克

醪糟汁　3克

蒜末　4克

花椒油　3克

料酒　3克

白糖　5克

酱油　5克

香葱末　10克

色拉油　25克

刀工：在鱼腹内侧剖花刀

1　　2　　4

摆盘 选用典雅的白色圆盘，盘子边缘刻有花纹，鲈鱼腹部朝下展开码在盘中，尾巴立起，嘴巴微张，就像是在水中游泳，吐着泡泡。鱼身浇上用花椒油调的汁，鱼背上撒满香葱末。一道栩栩如生的葱椒香鲈鱼就呈现出来了。

●●○○	咸度
●●●	麻度
●●○	辣度
○○○	甜度
○○○	酸度

花椒牛蛙 ‖

演变菜式:无

牛蛙甘香,酱香十足,花椒味浓

味型:椒麻酱香味

技法:炸炒

　　这是我自创的一道菜。因为现代人对麻、辣的极致追求,可以说是"无辣不欢、无麻不成席",而且牛蛙又是时下比较流行的一种食材,常见的菜肴一般用的都是馋嘴蛙,或者是以火锅形式出现的,鉴于此我自创了这道菜,用了大量的花椒,可以说是花椒和牛蛙完美的结合。

名厨秘诀

1 炸制花椒和辣椒的时候,因为花椒、辣椒是干的,炸的时候很容易上色,所以在炸之前要先用清水浸泡,沥干后再下锅,这样椒麻味能够充分地挥发出来。

2 牛蛙在腌制上浆的过程中,淀粉不宜过厚,如果太厚,会影响牛蛙的质感。

材料

牛蛙　3只(约重500克)

青线椒　30克

红线椒　30克

四季豆　50克

调料

干淀粉　20克

葱节　10克

姜片　5克

蒜片　5克

干辣椒　10克

花椒　5克

麻椒　10克

甜面酱　10克

白糖　5克

盐　3克

酱油　5克

胡椒粉　5克

色拉油　1000克(约耗50克)

做法

1 将牛蛙宰杀后剁成大块,青、红线椒以及四季豆分别切成1厘米长的丁。

2 将牛蛙腌制入味后加适量干淀粉拌匀。油锅烧至6成热,将牛蛙下锅定型捞出,待油温升至8成热后,再将牛蛙下锅炸至焦黄,捞出。

3 将青、红线椒及四季豆也下锅,炸至成熟,待油温升至8成热时,将花椒、麻椒、干辣椒及所有食材下锅再次复炸,花椒、干辣椒充分成熟之后,将所有食材倒出。

4 取一碗,依次放入甜面酱、白糖、盐、酱油、胡椒粉,调成碗汁。

5 锅内留底油,下入葱节、姜片、蒜片爆香,将原料放入之后,迅速烹入步骤4的碗汁,翻炒均匀,装盘即可。

2　　3　　5

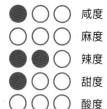

葱烧辣味海参 ‖

演变菜式:葱辣蹄筋

葱香浓郁,海参软糯,色泽红亮

味型:家常味

技法:烧

　　这是一道典型的川菜与鲁菜的结合菜。鲁菜的技法是以葱烧见长,川菜中的家常味又是极其普遍的味型,所以用葱烧和家常两种技法结合使这道菜更具特色。

名厨秘诀

1 海参在烧至过程当中一定要火力均匀。

2 勾芡的时候要一次成形,因为海参比较光滑,淀粉如果加得太少,不容易将芡汁收拢,如果反复加入芡汁汤汁会浑浊。

材料

水发海参	400 克
油菜	20 克

调料

葱白	20 克
郫县豆瓣酱	10 克
姜片	5 克
蒜片	5 克
盐	3 克
白糖	5 克
酱油	5 克
水淀粉	10 克
料酒	5 克
高汤	60 克
色拉油	10 克

做法

1 海参切成斧子片,汆水,入高汤中浸泡。

2 油菜洗净,放入热油锅快速翻炒,加盐调味,盛出备用。

3 葱白切成5厘米长的段,下油锅中炸成金黄色后,捞出沥油。

4 炒锅留底油,放入郫县豆瓣酱,加上蒜片、姜片,炒出红色及香味后,烹入料酒、高汤,调入酱油、盐、白糖,略煮,撇去残渣,将海参及炸好的葱白段一同放入汤汁当中,烧至入味,淋水淀粉,出锅装盘,将油菜围在盘子周围即可。

刀工:海参切成斧子片

1

3

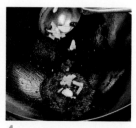

4

摆盘 选用大盘，以绿色时蔬围边，将所有食材装入盘中，上面再摆上葱段即可。

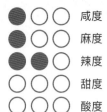

● ○ ○	咸度
● ● ○	麻度
● ● ○	辣度
○ ○ ○	甜度
○ ○ ○	酸度

大千香辣蟹 ||

演变菜式:无

麻辣鲜香,川香浓郁,辣而不燥

味型:香辣味

技法:炸炒

　　张大千先生是四川内江人,著名的国画大师,他不仅绘画造诣很深,而且还是一个美食家,以他的名字命名的美食也非常多,且广为流传。

名厨秘诀

1螃蟹一定要选用活蟹,内脏要洗净。

2炸的时候一定要在螃蟹的刀口面沾上干淀粉,这样炸出来能够保证蟹肉的紧实。

材料

活海蟹　2只(约重500克)

猪肉末　50克

芽菜　30克

调料

干辣椒　20克

花椒　5克

葱节　5克

姜片　5克

蒜片　5克

干淀粉　10克

色拉油　1000克(约耗50克)

酱油　5克

料酒　3克

白糖　5克

盐　3克

蚝油　5克

做法

1活蟹宰杀后切成大块,加少许盐腌制入味。

2将蟹钳拍破,在蟹的横切面上沾上少许干淀粉。

3油烧至7成热,将蟹下锅炸至金黄色捞出。

4另起锅,放少许油将猪肉末下锅煸干,下入干辣椒、花椒一同炒香后,放入葱节、姜片、蒜片以及炸好的蟹块一同翻炒,加入芽菜继续翻炒,加盐、酱油、料酒、白糖、蚝油翻炒均匀,装盘即可。

刀工:将蟹切成大块

1

3

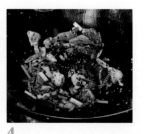

4

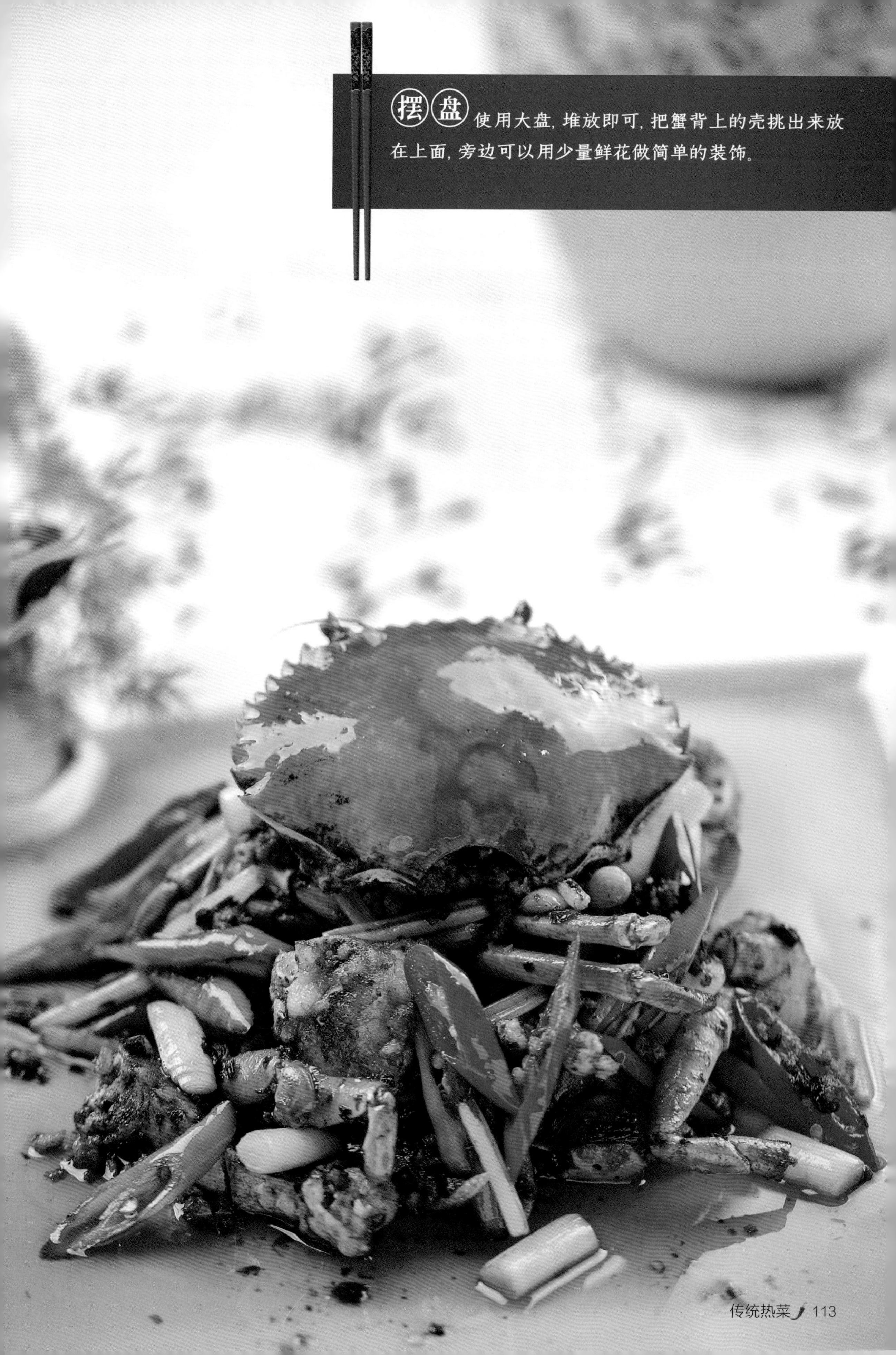

摆盘 使用大盘，堆放即可，把蟹背上的壳挑出来放在上面，旁边可以用少量鲜花做简单的装饰。

咸度 ●○○
麻度 ●○○
辣度 ●●○
甜度 ●○○
酸度 ●●○

宫保虾肉 〰

演变菜式：无

煳辣味浓，虾肉质感脆嫩

味型：煳辣荔枝味
技法：炒

　　宫保鸡丁是一道传统名菜，此菜是在宫保鸡丁的基础上演变而来。虾营养丰富，肉质松软，且容易消化，是一种极好的食材，很多人又非常喜欢宫保鸡丁的味道，由此创新制出这道菜。

名厨秘诀

1 此菜虾肉最大的特点是脆爽弹牙，在虾肉上浆的时候淀粉不宜过厚。
2 将虾下油锅时油温不宜过低，应在7成热左右。
3 辣椒应先下锅，炒成琥珀色之后再放入花椒，如果先放入花椒，花椒很容易炒煳，而辣椒还没有成熟。所以一定要先下辣椒再放花椒，这样才能充分释放菜品的煳辣味。

材料

青虾　300 克

青线椒　10 克

红线椒　10 克

油酥花生米　20 克

调料

干红辣椒　5 克

花椒　5 克

葱节　5 克

姜片　5 克

蒜片　5 克

料酒　2 克

盐　3 克

醋　5 克

白糖　5 克

酱油　5 克

水淀粉　5 克

色拉油　600 克（约耗 20 克）

做法

1 虾肉开背，去虾线，加底味，上浆；青、红线椒切成小丁。将油锅烧至7成热，将虾逐一下入油锅中，炸至定型，青、红线椒同炸，然后捞出。

2 取一碗，放入料酒、盐、白糖、醋、酱油、水淀粉，兑成碗汁。

3 锅内留底油，放入干红辣椒、花椒，待辣椒炒成琥珀色后，放葱节、姜片、蒜片爆香，放入虾肉翻炒，烹入碗汁，翻炒均匀后，加入油酥花生米，出锅即可。

1-1

1-2

3

鱼香大虾

演变菜式：鱼香扇贝

色泽红亮，味咸、甜、酸、辣，肉质脆嫩

味型：鱼香味

技法：炸、炒

材料

虾仁	350 克	色拉油	500 克（约耗 20 克）
鸡蛋	2 个	盐	3 克
		料酒	3 克
		醋	10 克

调料

葱末	10 克	高汤	100 克
香葱末	5 克	白糖	10 克
姜末	5 克	水淀粉	5 克
蒜末	5 克	干淀粉	20 克
剁碎的泡辣椒末	40 克		

名厨秘诀

1 鸡蛋液和淀粉要拌匀，以使虾能够均匀的包裹上蛋糊。

2 炸虾的时候要炸两次，第一次是为了定型，油温略低；第二次是炸酥脆，油温要高，但不要炸得过老。

做法

1 虾去头去壳，去虾线，装碗加料酒、盐码味；鸡蛋打散，加干淀粉调成糊，使虾均匀的裹上蛋糊。

2 油烧至6成热，将虾逐个放入，稍炸捞出，待油温上升至8成热再入锅复炸至表面酥脆时捞起装盘。

3 炒锅内留底油，放泡辣椒末，微炒后加入葱末、姜末、蒜末炒香。

4 加入料酒、盐、醋、白糖，加入高汤，汤烧开以后用水淀粉勾芡，淋入明油，然后均匀地浇在大虾上，撒上香葱末做点缀即可。

摆 盘 虾经过炸制后卷缩成团，呈扁圆形，堆放在盘中。盘子选用开口较大的圆形盘，大开口的盘子与堆成半圆形的虾球形成视觉上的对比。整道菜颜色红亮，撒上香葱末恰好又形成了颜色上的对比。

生爆盐煎肉

演变菜式:无

红绿相间,鲜香味美,操作简便

味型:家常味

技法:炒

材料

去皮的猪后腿肉　300 克	蒜片　5 克
青蒜段　100 克	郫县豆瓣酱　3 克
鲜红辣椒　10 克	豆豉　3 克
	酱油　2 克

调料

姜片　5 克	料酒　2 克
葱段　10 克	色拉油　20 克

名厨秘诀

1 猪肉宜选用半肥瘦的猪后腿肉,过肥则腻,过瘦则柴,还要去掉肉皮,因为直接煸炒的肉皮会发硬,影响口感。

2 因为肉片不需要事先处理,直接下锅大火爆炒即可,所以要将肉片切得薄一些。

做法

1 将肥瘦相连的去皮猪后腿肉切成4厘米长2.5厘米宽的薄片,青蒜择洗干净切大段,鲜红辣椒切丝备用。

2 锅内油烧至5成热,放入肉片,煸炒至断生后烹入料酒,下郫县豆瓣酱、豆豉炒出红色。

3 加酱油、青蒜段、鲜红辣椒丝炒匀,青蒜熟时起锅装盘即可。

摆盘 此道菜的分量不需太大,选用盘边可以放写意装饰的圆盘,将菜盛放在盘中,红色的辣椒段和绿色的青蒜段很是明显,煸炒后的肉片裹满酱汁,嚼在口中香味饱满。

●○○	咸度
●○○	麻度
●●○	辣度
●●○	甜度
●●○	酸度

宫保扇贝 ‖

演变菜式:无

色泽鹅黄,肉质鲜嫩,辣而不燥

味型:煳辣荔枝味
技法:炒

这道菜也是根据宫保鸡丁演变而来,是一道用传统的宫保手法烹制海鲜的典型菜肴。

名厨秘诀

1 勾兑荧汁的时候,要注意各有色调料的用量,成菜色泽不宜太深。

2 炸扇贝时要炸两次,第一次油温要略低,稍炸一下即捞起;第二次油温要略高,将扇贝炸至表面变酥即可。

3 炒制的时候,干辣椒、花椒要炒出香味,但不要炒煳了,以免影响菜品的口感。

材料

扇贝	300 克
盐酥花生米	30 克
鸡蛋	20l 克(约 1 个量)

调料

干辣椒节	10 克
盐	3 克
花椒	3 克
酱油	5 克
白糖	5 克
料酒	5 克
醋	10 克
姜	5 克
蒜	5 克
葱白	20 克
干淀粉	5 克
水淀粉	5 克
高汤	10 克
色拉油	750 克(约耗 20 克)
泡辣椒末	3 克

做法

1 将扇贝清洗干净,切成小块,装入碗内,用料酒、盐码味;葱切丁,姜切片,蒜切片。

2 取一碗,将酱油、白糖、醋、料酒、高汤、水淀粉兑成汁。

3 锅内油烧至6成热,将扇贝逐个放下稍炸后捞起,待油温上升至8成热再放入扇贝炸成蛋黄色皮酥时捞入盘内。

4 锅内留底油,下泡辣椒末炒出红色,下姜片、蒜片、葱丁炒出香味,烹入步骤2的碗汁炒匀,将盐酥花生米以及步骤3的扇贝放入拌匀,出锅装盘即可。

刀工 鲜贝片小块,葱切丁,姜蒜切片

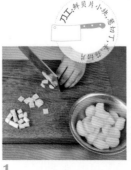

1

3

4

摆盘 用白色方盘盛装，纯白的底色把汤汁衬托得尤为鲜艳。材料炒匀后盛出直接装盘即可，不用特意码放。扇贝肉夹杂着油炸辣椒和盐酥花生米的香味，让人垂涎欲滴。

鱼香肉丝 ||

演变菜式：鱼香兔花、鱼香腰花

色红柔嫩，鱼香味突出

味型：鱼香味

技法：炒

材料

猪里脊肉　250 克	高汤　50 克
冬笋　50 克	水淀粉　5 克
水发木耳　50 克	葱末　10 克
	姜末　10 克
	蒜末　10 克

调料

酱油　3 克	醋　10 克
白糖　5 克	剁碎的泡辣椒　10 克
盐　3 克	色拉油　15 克

名厨秘诀

1 肉丝下锅稍等一会再翻炒，底下熟了再翻炒自然不会扒锅，炒肉丝的动作要快。

2 泡辣椒本身含盐量很高，要注意盐的用量，不要放太多。

3 汤汁不要收得过干，这样入口才会滋味饱满。

做法

1 把猪里脊肉切成约 7 厘米长，0.5 厘米粗的细丝。冬笋、木耳均切成丝，并下入沸水中余熟。

2 取一碗，加入盐、白糖、醋、酱油、葱末、水淀粉和高汤，调成芡汁。

3 炒锅置大火上，下色拉油烧至 6 成热，下肉丝炒散，加姜末、蒜末和剁碎的泡辣椒末炒出香味，再加入冬笋、木耳翻炒均匀，烹入芡汁，翻炒均匀即可。

摆 盘 鱼香肉丝是很常见的一道川菜，其美名早已众所周知了，装盘时不用刻意装饰，自然装盘就好。选用简洁的白色圆盘，把成品堆放在盘中央，盘底留有一定量的味汁，盛上一碗白米饭，吃菜，用汤汁拌饭，味觉定能得到充分的满足。

酸汤肘子

演变菜式：三鲜肘子、焦皮肘子

酸辣开胃、肉质香糯、肥而不腻

味型：酸辣味

技法：煮

材料

肘子 1只(约100克)	香葱末 15克
	熟白芝麻 10克

调料

葱段 10克	料酒 5克
姜片 10克	酱油 10克
盐 5克	醋 20克
	辣椒油 20克

名厨秘诀

1 炖煮肘子时，等水烧开了再把肘子放进去，烧开后撇去浮沫，使汤澄清。

2 炖煮肘子的时间要充分，一定要将肘子煮透，一般要煮2个小时。

3 各调味料的用量要控制好比例，突出酸辣味。

做法

1 肘子用清水冲洗干净，锅中放入适量热水，放入肘子，放料酒、葱段、姜片，大火烧沸后转小火慢慢炖煮2个小时，至肘子熟透捞出放入汤碗中。

2 另取一碗，放辣椒油、盐、醋、料酒、香葱末、酱油调成碗汁，加适量炖煮肘子的肉汤搅拌均匀。

3 将碗汁倒在肘子上，撒上熟白芝麻即成。

摆盘 这是一道大菜，宜选用古典气息浓重的*汤碗*盛装，整只肘子盛放在*汤碗*中，肘子充分浸泡在酸汤中，汤上面撒上熟白芝麻，并撒上香葱末做点缀，不需再做其他装饰。

回锅腊肉 ⫼

演变菜式:无

肉质细嫩,色彩艳丽,豉香浓郁

味型:豉香味

技法:炒

腊肉是最具四川特色的一款食品,是选用新鲜的猪肉,通过腌制、熏制、风干而得到的具有独特风味的肉制品。

材料

腊肉	250 克
青蒜段	20 克
红辣椒	10 克
青辣椒	10 克

调料

盐	1 克
胡椒粉	3 克
酱油	10 克
香油	1 克
色拉油	10 克

名厨秘诀

腊肉不能直接食用,要先用明火烧制,让其表皮上的油脂充分烧制出来,然后放入清水中,刮掉其表面黑色的部分,放入蒸锅蒸半个小时肉熟透即可。

做法

1 将蒸熟的腊肉切成薄片,青、红辣椒、青蒜切斜段。

2 锅置火上,倒入色拉油烧至6成热将腊肉下锅。翻炒至滋油,盛出备用。

3 另起锅,油热加入青蒜、青红辣椒、盐和胡椒粉,煸炒均匀后倒入腊肉,酱油,迅速翻炒至青蒜、青红辣椒断生,倒香油炒匀即出锅装盘。

摆盘 这道菜颜色较深,适宜选用白色平盘,以堆放的方式摆盘,不需做太多装饰。

回锅肉

演变菜式：回锅鱼

味道鲜香、肥而不腻

味型：家常味

技法：煮、炒

材料

猪五花肉　500 克

青蒜　75 克

青椒　50 克

红椒　50 克

调料

郫县豆瓣酱　25 克

姜片　10 克

葱段　5 克

料酒　5 克

酱油　10 克

色拉油　15 克

名厨秘诀

1 选肉要精：选肉要新鲜，不要太肥也不要太瘦。

2 煮肉要调味：要想肉香，就要在水开后，先放两片姜、葱段、花椒吊汤，再放入洗好的猪肉，煮至6成熟时关火，用汤的余温浸泡10~15分钟，使肉达到8成熟后捞出备用。

3 切肉技巧：刚捞出的肉如果比较热，冷藏3分钟后就好切了。

4 配料要得当：一定要用正宗的郫县豆瓣酱，剁碎，用老抽酱油。

做法

1 将猪肉切成薄片，青椒、红椒和青蒜分别洗净切成斜段。

2 锅中倒入色拉油，下入肉片，小火炒出肉中的肥油后，加入姜丝煸炒均匀。

3 加入郫县豆瓣酱、酱油、料酒煸炒均匀后放入青、红椒丝，翻炒均匀后装盘即可。

摆盘 选用白色平盘堆放，主料是猪五花肉，配上青、红两种颜色的辣椒，增加了菜品的色泽，旁边可用鲜花略做点缀，起到锦上添花的作用。

鱼香小滑肉

演变菜式:鱼香凤片

色泽红亮,肉质细嫩,鱼香味浓

味型:鱼香味

技法:滑炒

　　鱼香小滑肉是典型的以鱼香味为调味手法的菜品,肉片和冬笋、木耳一起滑炒,是鱼香肉丝的一个演变菜式。

名厨秘诀

1 因为是小滑肉所以要切小点,不然口感会很不一样,尽量切得薄一点。

2 肉可以用五花肉,或者是里脊肉,其实肥点的更好,最好用后腿肉。

3 调味很重要,要有酸甜味但不能过重,能吃出咸味才好,要注意味道的层次感。

4 可以用冬笋,也可以用莴笋,依个人喜好决定。

材料

猪里脊肉　250 克

水发木耳　50 克

冬笋　30 克

调料

水淀粉　5 克

泡辣椒末　20 克

酱油　5 克

白糖　10 克

醋　10 克

料酒　5 克

姜末　5 克

蒜末　5 克

葱　5 克

盐　3 克

高汤　20 克

做法

1 将猪肉切成大小厚薄均匀的薄片,用料酒、盐调味,用水淀粉上浆。冬笋去皮,切成薄片。木耳洗净,也切成大小均匀的片。

2 碗内倒入酱油、白糖、醋、高汤、水淀粉,兑成鱼香汁。调味原料用量要准,以免走味。

3 锅内油烧到6成热,放肉片炒散,下泡辣椒末炒出亮红色,下葱、姜、蒜炒香,放冬笋片、木耳炒匀,倒入鱼香汁翻炒,起锅装盘即成。

1

3-1

3-2

2

4-1

4-2

干烧蹄筋 ⫽

演变菜式:无

色泽红亮,蹄筋软糯

味型:家常味

技法:烧

材料

水发蹄筋	300 克
西蓝花	100 克
猪五花肉	50 克

调料

郫县豆瓣酱	10 克
葱丁	10 克
姜丁	10 克
蒜丁	10 克
白糖	10 克
醋	5 克
盐	3 克
料酒	3 克
高汤	10 克
色拉油	10 克

名厨秘诀

1 水发蹄筋一定要保证充分地涨发,以免影响口感。

2 在烧制蹄筋时,一定要用小火燸制,让蹄筋入味。

做法

1. 西蓝花洗净后放入加了盐的沸水中氽制,断生后捞出控水备用。

2. 将葱、姜、蒜切成小丁,猪五花肉切成小丁,水发蹄筋切薄片。

3. 将白糖、醋、盐、料酒、高汤放在碗中搅拌成碗汁。

4. 锅烧热后放油,下葱、姜、蒜、郫县豆瓣酱炒香后放入蹄筋和炒过的肉丁,烹入步骤3的碗汁炒制,收汁入味后盛出,以西蓝花围边即可。

摆盘 选用浅汤盘,将烧好的蹄筋摆放盘中,以西蓝花围边即可。

家常臊子牛筋

演变菜式:红烧牛蹄筋、炖牛蹄筋

臊子酥嫩,蹄筋爽滑,色泽红亮

味型:家常味

技法:烧

材料

牛蹄筋(泡发) 300 克

猪瘦肉 50 克

油菜 30 克

调料

色拉油 10 克

郫县豆瓣酱 10 克

酱油 5 克

盐 2 克

料酒 5 克

姜末 5 克

葱段 10 克

水淀粉 5 克

香油 3 克

名厨秘诀

1 鲜牛蹄筋必须充分泡发,以发透为标准,一般需要2个小时左右。在泡发蹄筋的过程中,达到标准的可先剪切下来捞出,其余的继续泡发。

2 油菜选用新鲜碧绿的,烹制后口感清脆爽口。

摆盘 将烧好的菜品盛放在中间,以西蓝花或者油菜围边,以圆盘为主装盘。

做法

1 将牛蹄筋洗净充分泡软,下锅加水,用小火煨至熟透后,取出用温水去掉杂质,切成5厘米的粗条,用开水汆透。

2 猪瘦肉切成绿豆大的粒,油菜洗净汆熟后用冷水泡冷备用。

3 锅内油热下猪肉粒煸干水分,烹料酒后装碗。

4 另起锅,放油,油7成热时下郫县豆瓣酱炒出红色,加水稍煮,撇去豆瓣渣,放猪肉、蹄筋、酱油、料酒、姜片、葱段改小火煨制,熟透后捡去葱、姜,用水淀粉勾芡,将汁收浓淋香油装盘,用备用的油菜围边即可。

●○○	咸度
○○○	麻度
●●○	辣度
●○○	甜度
●○○	酸度

大烧中段

演变菜式:豆瓣鱼

色呈金红色,肉质细软,爽滑利口

味型:豆瓣味

技法:烧燴

　　此菜以豆瓣鱼的烧法为基础,对一些体型较大的鱼一锅成菜不太方便,所以将头、尾去掉,留中段进行烧制,头、尾另行处理,做成鱼汤。

名厨秘诀

1 此菜在炸制过程中油温要高一些,这样炸出的鱼肉比较整齐。

2 在烧制的过程当中,要将锅不停晃动,以防原材料煳锅。

3 在烧制时要不时翻动鱼肉,以使其充分入味。

做法

1 将鱼整理干净,去头去尾,两面划斜花刀,用料酒、盐、胡椒粉调味。

2 将葱、姜、蒜切成细末,备用。

3 锅内油7成热,下郫县豆瓣酱及葱、姜、蒜末翻炒。

4 下鱼中段,调至微火,两面炸透入味,取出鱼装盘,调入水淀粉将汁收浓,加香油,淋在鱼上。油菜洗净氽熟,镶在盘边即成。

材料

青鱼 1 尾 （约 750 克）

油菜 20 克

调料

盐 3 克

料酒 10 克

胡椒粉 5 克

郫县豆瓣酱 20 克

姜末 5 克

葱末 10 克

蒜末 5 克

水淀粉 20 克

香油 3 克

色拉油 500 克(约耗 20 克)

1

3-1

3-2

3-3

4-1

4-2

摆盘 一般使用鱼盘或者长方盘，因为此菜汤汁相对较宽，建议使用较深的盘子盛装。

●○○	咸度
○○○	麻度
●●○	辣度
○○○	甜度
○○○	酸度

家常豆腐

演变菜式:无

颜色金红,外焦里嫩,豆腐软香

味型:家常味

技法:炸、烧

　　家常豆腐是家常味型的一道代表菜。豆制品含有丰富的大豆蛋白,配以五花肉,加上特殊的豆瓣酱调制的汤汁,风味浓郁。

名厨秘诀

1豆腐切好后,用沸水氽两次。

2炸豆腐时用中火。

3水不能放太少,豆腐一定要慢火烧透才入味。

做法

1将豆腐切成片状,装在盘子里,撒上盐腌一下,滗去水分。

2炒锅内加少许油。油5成热放入豆腐片,小火炸至两面呈金黄色时捞出。

3猪肉切成薄片,再将油烧至8成热,下入猪肉片炒熟。

4加适量料酒、郫县豆瓣酱、蒜片炒至爆香。

5再加入步骤2的豆腐和水,用盐调味,焖3~5分钟。

6收干汁,放入切好的青蒜,搅拌均匀放入香油,装入盘内。

材料

豆腐	500 克
猪五花肉	50 克
青蒜	50 克

调料

色拉油	100 克(约耗 15 克)
料酒	3 克
蒜片	5 克
盐	3 克
郫县豆瓣酱	10 克
香油	3 克

刀工:豆腐切成片状

炝莲白 ▮▮

演变菜式:无

鲜咸微辣,酸甜可口

味型:甜酸味

技法:炝

材料

圆白菜	500 克
干辣椒	10 克

调料

盐	3 克
葱段	5 克
姜片	5 克
蒜片	5 克
花椒	2 克
醋	10 克
白糖	5 克
酱油	5 克
色拉油	10 克

名厨秘诀

此菜是大火速成的菜,建议将调料兑成汁,以快速烹制翻炒的方式炒制。

做法

1 将圆白菜一片一片撕成小块,在盐水里浸泡半个小时。

2 把圆白菜捞起来,沥干水。

3 干辣椒切小段备用。

4 锅里倒油,待油热放入干辣椒,花椒和葱、姜、蒜末爆香。

5 再倒入圆白菜煸炒,放盐、醋、白糖、酱油翻炒2分钟即可。

摆盘 用平盘盛装,堆放在盘中央即可。

小煎仔鸡

1-1

1-2

演变菜式:无

色泽红亮,鸡肉软嫩

味型:荔枝味

技法:煎、炒

材料

鸡胸肉　250 克

黄瓜　20 克

调料

泡椒节　15 克

白糖　10 克

醋　10 克

盐　3 克

酱油　10 克

水淀粉　5 克

色拉油　15 克

3

名厨秘诀

1 鸡肉上浆的过程非常关键,因为"七分上浆,三分炒",上浆时淀粉不能过厚,过厚的话影响菜品的口感。

2 下锅之后一定要迅速地将鸡肉打散,在鸡肉将要断生的时候放入其他材料一同爆香,然后烹入碗汁,出锅。

做法

1 将鸡胸肉切成细丝,上浆。泡椒切节,黄瓜切条。

2 炒锅留底油,烧热,将鸡肉放入炒散,下入泡椒节、黄瓜条炒香。

3 将白糖、醋、盐、酱油、水淀粉兑成碗汁,迅速烹入锅中,翻炒均匀即可。

摆盘 这道菜是一道典型的煎炒的菜,没有过多的汤汁,选用平盘即可。

鱼香碎米鸡

演变菜式:鱼香碎米虾、碎米鱼丁

色泽红亮,鱼香味浓,鸡肉软嫩

味型:鱼香味

技法:滑炒

　　鱼香碎米鸡是一道典型的下饭菜肴,通过特殊的刀工处理,将所有原料改成丁状,成菜非常有特色,色泽非常艳丽。

名厨秘诀

1 在调制碗汁的时候,一定要注意糖和醋的比例,因为这道菜是鱼香味,讲究的是咸、甜、酸、辣,互不压味,葱、姜、蒜味突出。

2 鸡肉在上浆的时候,一定要上浆均匀,这样才能保证鸡肉的鲜嫩。

材料

鸡胸肉　300 克

冬笋　20 克

香菇　20 克

花生米　20 克

调料

泡辣椒末　20 克

盐　3 克

白糖　5 克

醋　10 克

酱油　5 克

水淀粉　5 克

香葱末　10 克

姜末　5 克

蒜末　5 克

做法

1 将鸡胸肉切成豌豆大小的丁,冬笋、香菇分别切丁,花生米炸酥之后备用。

2 取一碗,放入白糖、醋、盐、酱油、水淀粉兑成碗汁。

3 炒锅置火上,将上浆备用的鸡胸肉下入油锅中,滑散,加冬笋丁、香菇丁翻炒,倒出沥油。

4 锅内留底油,下入泡辣椒末,炒出红色之后,放入步骤3,调入姜末、蒜末一同炒香,烹入碗汁,迅速翻炒均匀,出锅前撒入香葱末,加入花生碎装盘即可。

1

3

4

摆盘 这是一道滑炒的菜品，可选用颜色略浅的圆形盘子，以突出菜品原本的色泽。

●○○	咸度
○○○	麻度
●○○	辣度
○○○	甜度
○○○	酸度

网油灯笼鸡

演变菜式:网油鸡卷

色泽金黄,外酥里嫩,一菜两味

味型:咸香味

技法:煮、炸

　　网油灯笼鸡现在很多的川菜馆已经不做了,不过四川饭店的一些宴会上还会用到这道菜。从现代人的饮食习惯来讲,可能不太能接受网油做的东西,但是如果处理得当,用网油做出来的菜肴还是很香的,并且它的香味是独有的。

名厨秘诀

1 网油有厚的部分,一定要用擀面杖或圆形的木棍敲打平整,这样在炸制的时候才能均匀受热。

2 用网油包裹鸡肉时,淀粉一定不能裹得太厚,在炸的过程中,油温不能太低,以防原料中吃进太多油分而影响口感。

材料

仔鸡	2 只(每只约重 1500 克)
网油	300 克

调料

盐	15 克
花椒	5 克
干红辣椒	20 克
干淀粉	300 克
色拉油	1500 克(约耗 100 克)
葱段	50 克
姜片	50 克
八角	1 克(约 2 颗)
郫县豆瓣酱	30 克

做法

1 将鸡开膛洗净后,分别放入两个锅中,其中一个锅中放入葱、姜、盐、花椒、八角,小火煮熟。另外一个锅中放入郫县豆瓣酱、盐、干红辣椒、八角,以红卤的形式煮熟。

2 鸡肉煮熟之后,分别去骨,网油平铺在砧板上,将鸡肉均匀地摆放在网油上,从一端卷起,扎紧,然后裹上一层干淀粉,下入7成热的油锅中炸至金黄色,捞出,改刀装盘即可。

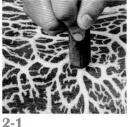
2-1

2-2

2-3

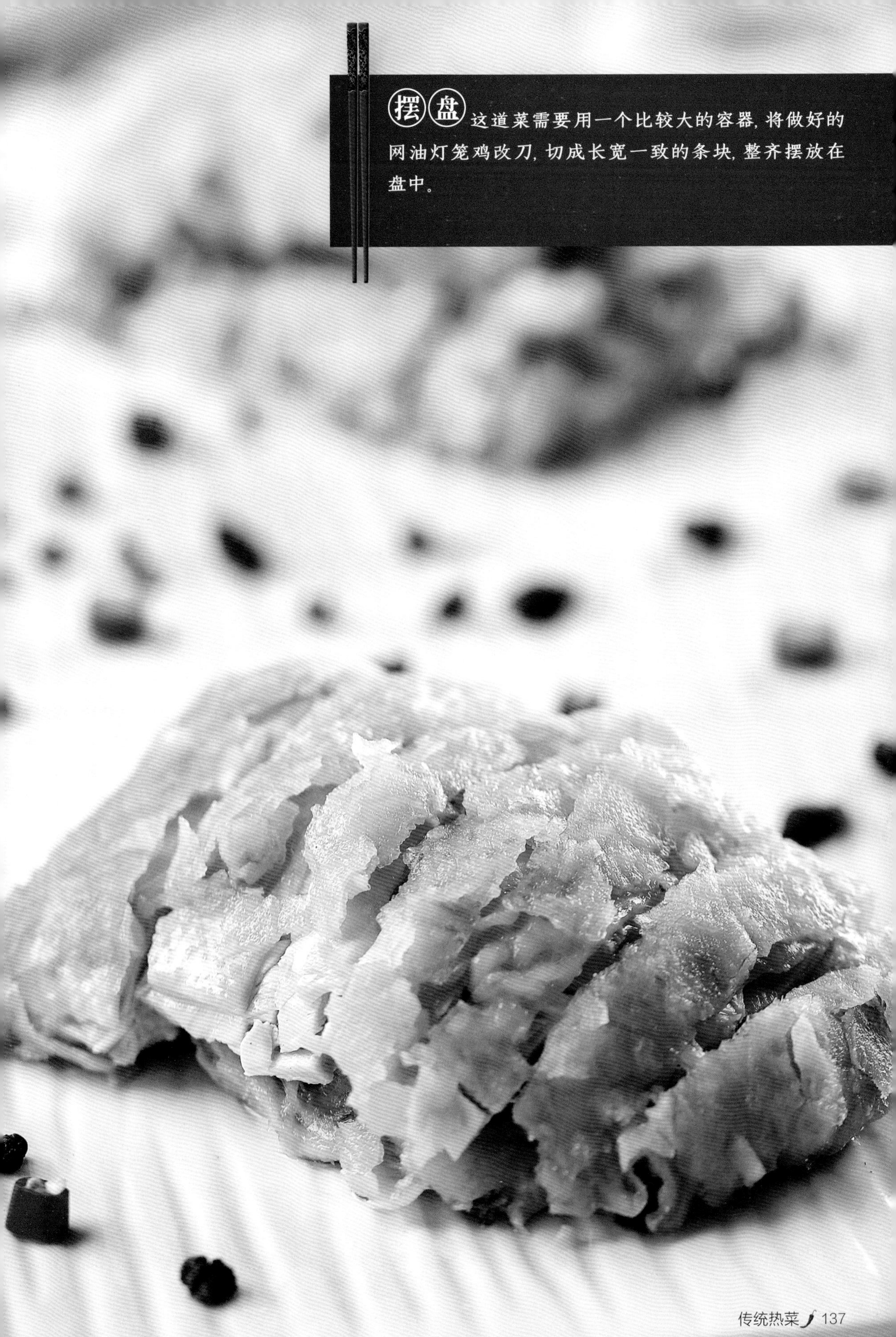

摆盘 这道菜需要用一个比较大的容器，将做好的网油灯笼鸡改刀，切成长宽一致的条块，整齐摆放在盘中。

		咸度
● ○ ○		咸度
○ ○ ○		麻度
● ○ ○		辣度
○ ○ ○		甜度
○ ○ ○		酸度

东坡鱼

演变菜式：东坡蟹

颜色浅黄，味儿咸、鲜、香，鱼肉细嫩

味型：咸香味

技法：烧

　　苏东坡是四川眉山人，很多人都知道他是我国古代的大文学家，但不知道他还是著名的美食家，是佛道禅道的追求者。相传，有一次他让厨师做了一道香喷喷的鱼，鱼身上有五道像柳叶一样的刀痕，名为"五柳鱼"。正要动筷，好友佛印和尚来了，苏东坡便开玩笑把鱼藏起来了。后来，佛印也照样做了一盘鱼招待苏东坡，并跟他开同样的玩笑。后来佛印说，这道菜干脆叫东坡鱼算了。此后，人们把"五柳鱼"又叫"东坡鱼"，并一直流传到今天。

名厨秘诀

1 炸鱼时要用热油，把鱼身表面的水分炸干即可。

2 烧制的时候，要不时地用热的汤汁浇淋鱼身，使其受热均匀，然后用小火烧至断生，此时不能用大火，否则汤汁很快就会被烧干。

材料

草鱼　1尾（约重750克）

芽菜　50克

猪肉末　50克

红辣椒　10克

调料

料酒　5克

盐　3克

泡辣椒节　10克

胡椒粉　5克

香葱末　5克

蒜末　5克

姜末　5克

高汤　50克

酱油　10克

色拉油　50克（约耗15克）

做法

1 先把鱼经过初步的加工处理，然后在鱼身的两面剞上一字花刀，用盐、料酒、胡椒粉码味并用热油把鱼身水分炸干后捞出。将红辣椒切成菱形块。

2 锅内留底油，放猪肉末，炒散。

3 放芽菜、红辣椒、姜末、蒜末炒香，加入料酒、盐煸炒。

4 放入高汤、胡椒粉、酱油搅拌均匀后放入鱼，在烧制的过程当中，要不时地用热的汤汁浇淋鱼身，然后用小火把鱼烧至入味。

5 汤浓油亮时把鱼取出，装盘。

6 原汤内加泡辣椒节，然后淋少许明油后浇在鱼身上，撒上香葱末，这道菜就做好了。

1

2

4

选用白色长盘,鱼完整摆放在盘中,浇上汤汁,鱼身上撒上香葱末,菱形的红辣椒稀疏地摆在鱼身上和鱼身周围,不必再做其他装饰。

●○○	咸度
●●○	麻度
●○○	辣度
○○○	甜度
○○○	酸度

蜀香峨眉鳝[

演变菜式:无

鳝鱼非常滑爽,色泽红亮,豉香浓郁

味型:豉香味

技法:熘

据《本草纲目》记载,黄鳝有补血、补气、消炎、消毒、除风湿等功效。黄鳝肉性味甘、温,有补中益血,治虚损之功效,常吃鳝鱼有很强的补益功能,特别对身体虚弱、病后以及产后之人更为明显。鳝鱼还有补气养血、温阳健脾、滋补肝肾、祛风通络等医疗保健功能。

这道菜是我根据鳝鱼自身的特点,创制的一道新派川菜。这道菜以豆豉味为主,突显刀口辣椒的浓郁芳香。

名厨秘诀

1这道菜用到了3种豆豉,黄豆豉、黑豆豉和老干妈豆豉酱,按照比例是3:2:1,即黄豆豉3份、黑豆豉2份和老干妈豆豉酱1份配到一起,然后上火,加上姜、蒜一同熬制,使几种豆豉的味道充分融合到一起。

2鳝鱼不用油滑,直接用水滑,水滑能够最大限度地保持鳝鱼的鲜嫩。

材料

鳝鱼　250 克

黄豆芽　50 克

青蒜　50 克

金针菇　50 克

调料

豆豉　10 克

刀口辣椒　10 克

酱油　5 克

盐　3 克

辣椒油　5 克

花椒面　5 克

水淀粉　5 克

香葱末　10 克

葱油　5 克

色拉油　10 克

做法

1油锅烧热,将余水后的金针菇同黄豆芽与青蒜一同下锅爆香,加盐调味,装入盛器当中垫底。

2鳝鱼切粗丝,加底味,上浆,通过余水的方法将鳝鱼滑散。

3锅内留底油,下入豆豉煸香,调入刀口辣椒、酱油、辣椒油、葱油,制成汤汁,将熘制好的鳝丝放入煸炒,收汁,使其充分入味。

4淋水淀粉,盛出盖在步骤1上。

5在鳝丝上均匀地撒上香葱末和花椒面,将油烧沸,倒在香葱末上将香葱炸香即可。

刀工:鳝鱼切粗丝,为葱切末

1　　2　　4

摆盘 这道菜的汤汁比较多，适宜使用半汤盘盛装。以堆放的方式摆盘即可，上面撒上青翠的香葱末做点缀。

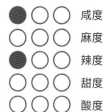

咸度 ●○○
麻度 ○○○
辣度 ●○○
甜度 ○○○
酸度 ○○○

东坡银鳕鱼

演变菜式:冬菜臊子鱼

鱼肉鲜嫩多汁,芽菜香味浓郁,肉酥鱼嫩

味型:咸鲜微辣味

技法:蒸

　　这道菜是我独创的一道菜品。这道菜主要是用了比较高档的银鳕鱼,以少油的方式,用蒸的方法,配以调味汁,以突显芽菜的芳香。

名厨秘诀

1鳕鱼处理时一定要加入适量淀粉,这样能够保证鱼肉的鲜嫩,而且在蒸鱼的时候,在盘底要抹上色拉油,防止鱼肉在蒸制过程中有粘黏的情况。

2在调制汤汁的过程中,一定要经过炖煮的过程,让肉末充分吸附汤的味道,这样吃起来才会有酥嫩的感觉。

3银鳕鱼味淡,无腥味,还容易吸味,因此不可加太多料酒或酱油来腌制,否则鳕鱼会过咸。

4通常售卖的银鳕鱼都是急冻的,要提前用淡盐水解冻,洗净拭干水再用来烹调。

5腌制银鳕鱼时,不可加入清水,否则鳕鱼蒸熟后,会大量出水而冲淡味道。

6鳕鱼肉质细嫩,包上锡纸后,下锅清蒸7~8分钟就熟了,鳕鱼不能蒸久,否则鱼肉会过老。

材料

银鳕鱼	250 克
芽菜	30 克
猪肉末	50 克
青小米辣椒	10 克
红小米辣椒	10 克
鸡蛋清	25 克(1 个量)

调料

葱丝	10 克
姜末	5 克
盐	3 克
酱油	5 克
水淀粉	5 克
干淀粉	5 克
色拉油	20 克
高汤	100 克

做法

1银鳕鱼切成2厘米宽、5厘米长的大块,加盐腌制入味,将鸡蛋清充分打散后拌入干淀粉作糊,使切好的银鳕鱼挂一层薄糊,淋上少许色拉油,上锅蒸6分钟取出。青、红小米辣椒切薄片。

2锅内留底油,将猪肉末煸熟,下入芽菜一同炒香,放入姜末,调入酱油、盐,加高汤、青红小米辣椒,淋水淀粉勾芡,将调好的汁浇在鱼肉上,收汁装盘。

3最后撒上葱丝及青红小米辣椒薄片即可。

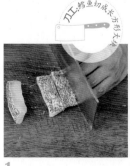

1

2-1

2-2

摆盘 鳕鱼是比较高档的食材，建议这道菜的摆盘以"位上"的形式体现。如果是用大盘，最好用白色圆盘，这样能够突显菜品的整体造型，可以适当用一些芥蓝、油菜等绿色的时蔬做点缀。

●○○	咸度
○○○	麻度
●○○	辣度
●●○	甜度
●●○	酸度

红袍银鳕鱼

演变菜式:无

咸甜酸辣互不压味,葱姜蒜味突出

味型:鱼香味

技法:炸

　　红袍银鳕鱼是我在鱼香明虾球的基础上创制出来的。鱼香明虾球是我2002年创制出的一道菜,后来成了四川饭店的一道招牌菜,然后我又从鱼香明虾球演变出红袍银鳕鱼这道菜。因为有些客人从个人口味上来说,不喜欢吃虾,但是又非常喜欢鱼香味这种独有的味道,所以我就演变到鳕鱼上。鳕鱼肉质非常细嫩,而且蛋白质含量很高,脂肪含量相对来说也比其他的鱼类要丰富,鱼肉吃起来也非常滑爽。

名厨秘诀

1 调制全蛋糊的时候不能过稠,如果太稠,炸出来的鱼肉没有蓬松的感觉。如果太稀,鱼肉挂不上糊,反而使鱼肉易碎,因此全蛋糊一定要调制得稀稠适度。

2 在炸制鱼肉的时候,要进行二次复炸,第一次炸制的时候油温不能过高,如果油温过高,表面的蛋糊已经上色了,鱼肉还没有成熟,所以油温要控制在6成热左右,让表面的蛋糊先充分定型,再经过第二次复炸的形式,让鱼肉成熟,蛋糊上色。

材料

银鳕鱼	300 克
鸡蛋	2 个

调料

泡辣椒	20 克
白糖	10 克
醋	10 克
盐	3 克
水淀粉	5 克
香葱末	5 克
蒜末	5 克
姜末	5 克
干淀粉	20 克
色拉油	1000 克(约耗 50 克)
高汤	10 克

做法

1 将鳕鱼切成2厘米宽、5厘米长的大块,加盐腌制入味。

2 鸡蛋和干淀粉制成全蛋糊,将鱼肉裹上全蛋糊之后,下入6成热的油锅中炸至定型,待油温升高后,再次复炸,炸至金黄色,捞出摆放在盘中。

3 锅内留底油,将泡辣椒下锅,炒出红色后,放入姜末、蒜末,调入白糖、醋、盐,加少许高汤,烧开后,淋水淀粉勾芡,出锅时撒上香葱末,将鱼香汁淋在鳕鱼上即可。

1

2

3

摆 盘 以"位上"为主,可以将鱼肉摆在盘子的一边,另一边可以用一些蔬菜作为点缀,配上鱼香汁,更加衬托出红亮的色泽。

●●○○	咸度
○○○	麻度
●○○	辣度
●●○	甜度
●●○	酸度

鱼香明虾球

演变菜式:无

色泽红亮,虾肉酥嫩

味型:鱼香味

技法:炸

　　这是我自创的一道高档的宴席菜。根据现代人饮食分餐制的特点,结合川菜中独有的鱼香味的调味手法,将明虾用特殊的处理方式进行炸制,配鱼香汁,以例上分吃为主。

名厨秘诀

1 这道菜的虾个体相对来说较大,在炸的时候,第一遍的油温不宜过高,以定型为主。二次复炸的时候,油温可略微升高,这样才能达到外酥里嫩的效果。

2 这道菜在虾的处理上,不用挂糊,只用拍粉的形式,这样炸出来的虾肉形态会更加美观。

材料

明虾　350 克

西蓝花　50 克

调料

香葱末　10 克

葱末　5 克

姜末　5 克

蒜末　5 克

剁碎的泡辣椒末　10 克

色拉油　500 克(约耗 20 克)

盐　3 克

料酒　2 克

醋　15 克

干淀粉　10 克

白糖　15 克

水淀粉　5 克

高汤　20 克

做法

1 将明虾开背去虾线之后,分别在虾肉上划刀,整个虾肉划 3 刀,然后把虾肉上的水分吸干,加入少许盐腌制入味。

2 炒锅内留底油,放泡辣椒末在火上微炒,加入葱、姜、蒜炒香。加入料酒、盐、醋、白糖、高汤,汤烧开以后,撇去残渣,加水淀粉勾芡,制成鱼香汁。

3 在虾肉上拍干淀粉,下入油锅中,炸制成型,装盘后淋鱼香汁即可。

1

2

3

摆盘 以“位上”为主，典型的宴席菜，可以点缀西蓝花、盖菜等作为配料。

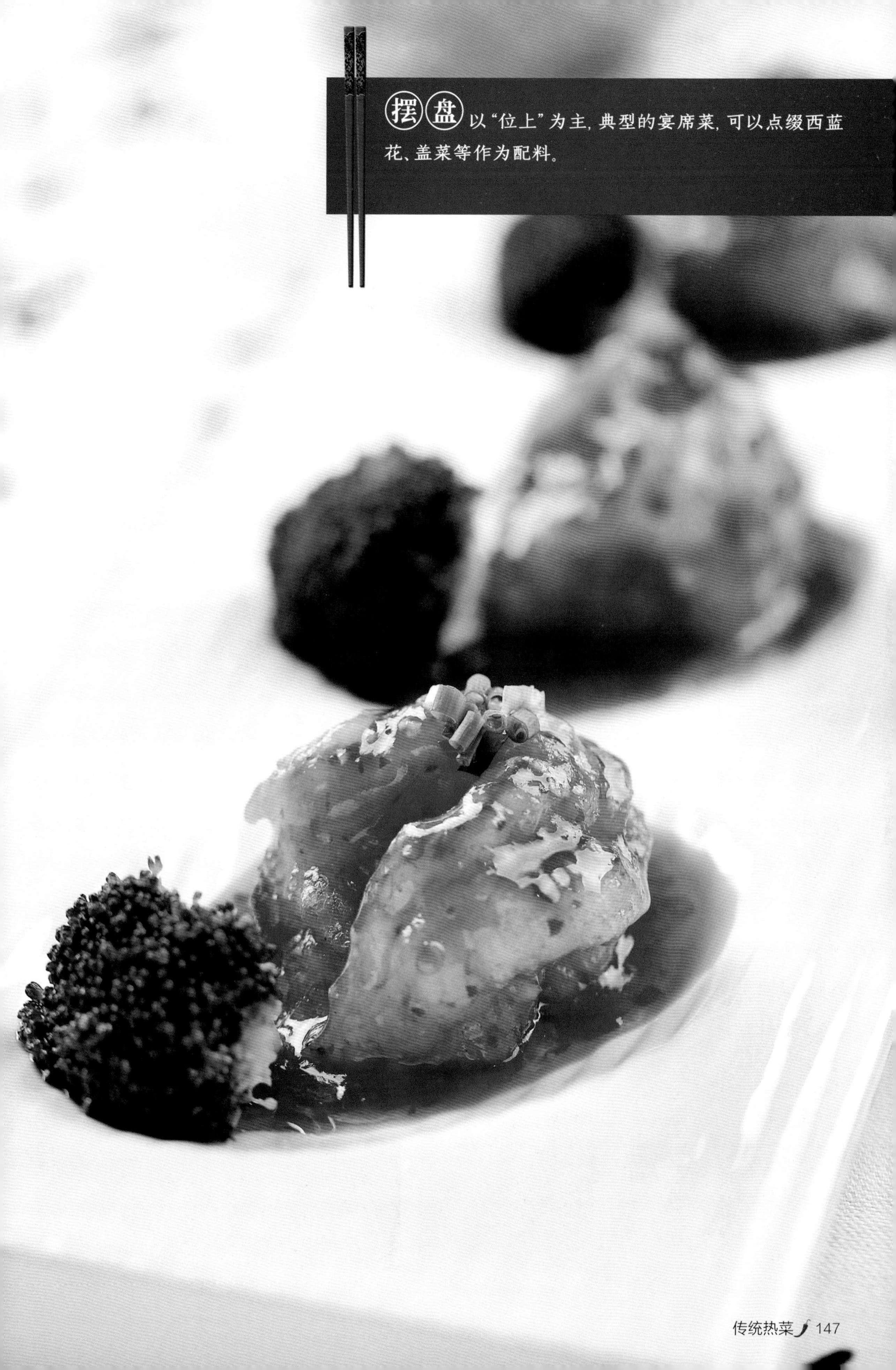

●○○	咸度	
○○○	麻度	
●○○	辣度	
●●○	甜度	
●●○	酸度	

合川肉片

演变菜式:无

外酥里嫩,咸鲜微辣,略带酸甜

味型:家常味

技法:煎、炒

　　合川肉片是以地名为菜名,为重庆合川地方菜肴,至今已有一百多年的历史。据说是当地一家饭店的厨师无意中创制的。相传有一天,饭店打烊后,厨师也要吃饭了,就将卖剩的肉片用鸡蛋、淀粉包裹后,用油煎至两面金黄,然后加一些辅料和调料炒制。让厨师意想不到的是,这道菜竟然非常鲜美可口。于是,以后他都如法炮制,这道菜就这样被流传下来,并深受食客喜爱。

名厨秘诀

1 肉片与全蛋淀粉的比例要掌握适当,肉片上浆呈半流体状,煎至外酥里嫩即可。

2 调味汁中不加高汤、水淀粉,烹入调味汁后,要快速翻炒起锅,不宜久炒。

材料

猪里脊肉	200 克
青辣椒	10 克
红辣椒	10 克

调料

姜片	5 克
蒜片	5 克
葱	10 克
盐	3 克
白糖	5 克
醋	10 克
色拉油	10 克
香油	3 克
料酒	5 克
干淀粉	10 克
酱油	5 克

做法

1 猪里脊肉切成约4厘米长、2.5厘米宽、1毫米厚的薄片,放入碗中加盐、料酒、全蛋淀粉裹匀。

2 将酱油、醋、白糖调成碗汁。青辣椒和红辣椒分别斜切成段。

3 炒锅置大火上,放油烧至5成热,将肉片放入锅内理平,煎至浅黄色时将肉片翻面,再将另一面煎至浅黄色后盛出。

4 炒锅烧热,放底油,放葱、姜、蒜、青辣椒、红辣椒翻炒均匀后放肉片,烹入调味汁搅拌均匀,淋上香油起锅装盘即可。

刀工:猪里脊肉切成薄片

1

3

4

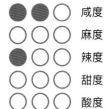

●●○	咸度
○○○	麻度
●○○	辣度
○○○	甜度
○○○	酸度

大蒜烧裙边

演变菜式:大蒜烧圆鱼、蒜仔烧江团

色泽油黄,鲜香肥润,营养丰富

味型:家常味

技法:烧

　　蒜烧可以说是川菜经常运用的一种烹调手法,通过长时间的烧制,使原材料充分地融入蒜香。

　　开国第一宴源于1949年10月1日中华人民共和国诞生。党和国家领导人当日设宴庆祝,宴席中有一道菜即为大蒜烧裙边,说明大蒜早已上了国宴。

名厨秘诀

1蒜仔在入锅之前,一定要在油锅中略炸,使其表皮呈焦黄色,这样蒜仔在烧制时形状不容易被破坏。

2裙边在烧制过程当中,应该汤汁略多,以防扒锅。

材料

水发裙边　300克

大蒜　50克

高汤　200克

调料

郫县豆瓣酱　10克

干辣椒　5克

花椒　5克

蚝油　5克

盐　2克

水淀粉　5克

葱　5克

姜　5克

色拉油　15克

酱油　5克

胡椒粉　2克

料酒　3克

做法

1水发裙边改刀成2厘米宽,5厘米长的长方块,加葱、姜、高汤煨制入味。

2大蒜去根蒂后下入6成热的油锅中炸成金黄色捞出备用。

3炒锅上火,加入色拉油烧热下入葱、姜、干辣椒、花椒爆香,放入郫县豆瓣酱,炒出红色后烹入料酒,加入高汤,烧开后打去残渣,下入裙边和大蒜,调入酱油、蚝油、胡椒粉烧制软烂,起锅装盘。

4原汤淋水淀粉,将汁收浓,浇在裙边上即可。

5将步骤2围边即可。

1

3

4

摆盘 这道菜是一道典型的宴席菜,摆盘可以"位上",使用汤盅或平盘盛装都可以。如果以例上,最好选用大型的圆盘,以蒜仔围边,中间摆放裙边,还可以菜心点缀。

粉蒸肉

演变菜式：粉蒸鸡、荷叶蒸肉、粉蒸牛肉、粉蒸排骨

色泽红亮，味咸甜浓香，肥而不腻

味型：家常味

技法：蒸

材料

猪五花肉	500 克
米粉	60 克
油菜	50 克

调料

豆腐乳汁	5 克
醪糟汁	5 克
酱油	5 克
盐	3 克
姜末	5 克
郫县豆瓣酱	5 克
白糖	3 克
色拉油	5 克
高汤	150 克

名厨秘诀

1 材料选用五花肉，肥而不腻，口感较好。

2 米粉和高汤的用量要适当，做到干稀适度。

3 蒸制时要用大火。

做法

1 将带皮猪五花肉刮洗干净，切成约10厘米长、5厘米宽、3毫米厚的片。油菜切成两半。

2 将肉片放入盆内加盐、酱油、豆腐乳汁、郫县豆瓣酱、醪糟汁、姜末、白糖、色拉油、米粉、高汤搅拌均匀，静置15分钟，使其充分入味。

3 将肉片整齐码放在蒸碗中，蒸碗放入笼中，用大火蒸2小时至肉熟透软糯时，取出翻扣在盘内。

4 炒锅烧热，油烧热，放入油菜、盐快速翻炒至断生，盛出整齐码放在粉蒸肉两侧即可。

摆盘 虽然这道菜一点都不油腻，还是建议用小分量碗状的盘子盛装，肉片大小一致，一片压一片整齐地码放在盘中。油菜切成两半，每边摆放3个，切开面朝外，方向一致地码放整齐，就像一对一对的小翅膀。

瓢莲藕

演变菜式:无

整齐美观,软糯香甜

味型:甜味

技法:蒸

材料

莲藕　300 克

糯米　150 克

青红莓果脯　100 克

莲子　10 克

薏仁　10 克

百合　10 克

调料

白糖　20 克

名厨秘诀

1 藕片要切得薄厚适中,太薄不容易装馅料,太厚不易蒸熟。

2 莲藕装馅时要尽量把每个孔都装满。

3 熬汤汁时要掌握好水量,太稠浇不匀,太稀影响口感。

做法

1 青红莓果脯切成碎粒;莲子、薏仁切成碎粒,百合切成细粒。

2 莲藕刮去外皮,切成1厘米厚的圆片。

3 糯米淘洗干净后浸泡15分钟,上锅蒸制熟透备用。

4 各种碎粒和蒸好的糯米饭拌在一起和匀,然后填在藕片的孔中。

5 将填好馅的藕片整齐地码在盘中撒上白糖,然后放到笼屉里蒸约15分钟后取出。

6 锅中放水,加白糖,熬成稍稠的糖汁。将糖汁浇在藕片上即可。

摆盘 用白色盘子装菜,盘子边缘有间隔的镂空花纹,将圆形的藕片摆成花朵的造型,中间放一片藕当作花蕊,每一个藕片上都有各色果脯和糯米镶嵌,有一种五彩缤纷的愉悦感。

咸度	●●○○○
麻度	○○○○○
辣度	○○○○○
甜度	○○○○○
酸度	○○○○○

蛋酥樟茶鸭

演变菜式:炒樟茶鸭丝、百花鸭脯、桃仁鸭方

有浓厚烟熏香味,色棕红,皮酥肉嫩

味型:咸鲜味

技法:熏、蒸、炸

　　樟茶鸭是川菜中很典型的一道菜,既可以当凉菜也可以当热菜。制作方法非常独到,选用樟树叶、茶叶、白糖等通过前期腌制,让鸭子充分入味,然后再通过熏制使其充分上色,接着通过蒸的方法,使其充分成熟,最后用油锅炸制。

名厨秘诀

1 熏制鸭子时先熏一面,再熏另一面,熏至两面颜色均匀即可。

2 炸鸭肉时要炸两次,第一次油温不能太高,把鸭肉炸透;第二次油温略高,炸至皮酥。

3 摆盘时摆成鸭子的形状,比较逼真。

材料

水盆鸭	1只(约700克)
葱白	30克
甜面酱	20克

熏料

茶叶	10克
樟树叶和锯末	20克
柏树枝	10克
谷草	10克

调料

鸡蛋	2个
盐	5克
料酒	3克
花椒面	1克
白糖	5克
姜片	5克
色拉油	1500克(约耗50克)
干淀粉	10克

做法

1 先把鸭身抹遍料酒,再抹盐,接着抹花椒面,加入葱、姜腌制入味(葱一部分切成段,一部分切成丝。)。

2 铁锅放在火上,放入全部熏料和白糖,加入蒸屉,再放腌好的鸭子,加盖密封。

3 把鸭身熏成浅棕色时取出,补充熏料,再熏鸭子的另一面。

4 两面颜色均匀之后,取出,拣去葱、姜、花椒,放在盘中。上笼屉蒸熟,然后取出。

5 砍去头、颈,去臊,从鸭背划一刀,拆尽骨,在肉一面斜刀划5刀,鸡蛋加干淀粉调成糊,抹匀鸭肉。

6 油6成热下鸭炸到肉透,捞起,待油温上升至8成热,再下鸭炸至皮酥脆捞起,切成4厘米大的条,整齐摆在盘中。

7 葱丝、甜面酱各两盘,与鸭一同上桌。

5-1

5-2

6

摆盘 用棕色长盘装菜品。葱丝和甜面酱用方形小碟盛放，葱丝长度一致，整齐地码放在碟中。荷叶饼装在圆形的盘子中，放在长盘盘边。此菜主菜和辅料分盘较多，不宜做过多装饰。

珊瑚雪花鸡

演变菜式：雪花虾

鸡块洁白，口感润滑，咸鲜适度，色泽鲜艳

味型：咸鲜味

技法：汆、蒸

　　"珊瑚"二字是针对作为配料的胡萝卜和莴笋而言的，鲜黄的胡萝卜和翠绿的莴笋切成吉庆块的形状，寓意吉祥美好，与洁白如雪的鸡块相配，灵动又惹人喜爱。

名厨秘诀

1 吉庆块制作时，运刀方向一定要正确，即前面相连的两刀切下后，第三刀运刀方向不能与前两刀所切的面交叉（不能回刀），而应向另一方向垂直运刀（否则就会切下一个小正方形，造成制作失败），依此类推，直至切完，最后回到第一个刀口。

2 鸡蛋清和干淀粉调成的糊要稍稠一些，使鸡肉均匀的挂糊。

做法

1 先在鸡胸肉上剞花刀，刀口深度约为原料厚度的1/4，再斜切成菱形，放入盐、料酒、拍破的葱、姜拌匀入味。

2 莴笋和胡萝卜去皮，切成正方形，用小刀刻成吉庆块（吉庆块：沿正方形每面的中心点和边长1/2处切一刀，深度为原料厚度的1/2。要求刀纹互相垂直相连。用这种加工方法切制6刀后，正方形就加工成了2个吉庆块）。

3 鸡蛋取蛋清打散，放干淀粉调匀，再放菜籽油调成糊状。把鸡块放在糊中，使鸡肉均匀地包裹上面糊然后逐块地下入开水锅当中，汆至断生捞出，放到装有高汤的大碗里，加入葱、姜、盐，然后放到蒸锅里蒸40分钟。

4 高汤内加少许油，放入胡萝卜和莴笋切成的吉庆块，汆透捞出，放在盘中备用。

5 鸡块蒸好以后取出，沥去原汤，拣出葱、姜，摆放在碗中，将吉庆块撒入其中。原汤加水淀粉勾芡，淋鸡油，均匀地浇在鸡块上即可。

材料

鸡胸肉　500 克

胡萝卜　100 克

莴笋　100 克

鸡蛋　1 个

调料

盐　3 克

水淀粉　5 克

料酒　3 克

高汤　20 克

葱　5 克

姜　5 克

干淀粉　15 克

色拉油　20 克

鸡油　10 克

1　　　　**2**　　　　**3**

摆盘 这样一道寓意吉祥的菜肴自然是要配上有"福"气的汤碗了，鸡肉铺在汤碗底部，胡萝卜和莴笋做的吉庆块数量相等，小巧别致，颜色交错摆放在鸡肉上，可谓黄、绿、白三色相间，清爽怡人。

大酿一品鸡

演变菜式:大酿一品鸭

色泽艳丽,多料多味,是典型的宴席菜

味型:咸鲜味

技法:蒸

材料

仔鸡	1 只(约重 1500 克)
猪瘦肉	100 克
火腿	30 克
冬笋	30 克
海米	20 克
油菜	20 克

调料

盐	5 克
料酒	3 克
胡椒粉	5 克
酱油	10 克
姜片	5 克
葱段	5 克
花椒	3 克
水淀粉	10 克
香油	1 克
色拉油	10 克

名厨秘诀

鸡肉在腌制时一定要充分入味,胡椒粉一定要搓匀才能保证口感的一致。

做法

1 仔鸡去内脏,洗净,在鸡的表面和里面涂抹上料酒、胡椒粉、盐以使其入味,再加上葱、姜、花椒,腌制约1个小时,上锅蒸至炖烂后晾凉。

2 将鸡去骨后放入碗中。

3 猪肉、火腿、冬笋分别切片,海米切成豌豆大小的丁。

4 炒锅置火上,放入色拉油,油热倒入猪肉直至将猪肉煸干,再加入其他原料一同煸炒,将所有煸炒好的原料放到鸡肉上,上笼蒸1小时,取出,扣入碗中。

5 将原汤加酱油,勾水淀粉,淋香油,浇在鸡肉上即可。

摆盘 用定碗扣盘的方式。定碗之后将原料封扣在盘中,边上点缀一些绿色的蔬菜,作为色泽的搭配。适宜用略深的盘子,因为后面还需要浇汁。

人参果蒸鸡

演变菜式:三鲜鸭脯

色泽洁白,鸡肉鲜嫩,花生软糯

味型:咸鲜味

技法:煮、蒸

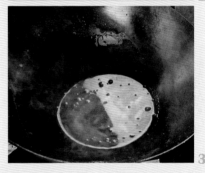

材料

仔鸡 1 只 （约 1000 克）	
花生 200 克	
胡萝卜丁 10 克	

调料

高汤 100 克	
盐 3 克	
水淀粉 5 克	
葱油 3 克	
葱段 20 克	
姜片 20 克	
料酒 5 克	

名厨秘诀

1 整鸡煮至4成熟关火,然后用原汤的余温浸泡到8成熟捞出。

2 因为后面还有一个蒸制的过程,通过蒸制的过程可让鸡肉充分地熟透。所以在煮鸡肉的时候不能煮得过熟,如果过熟,会影响最终成菜的口感。

摆盘 这是一个典型的定碗扣盘的装盘方式。这道菜后面要浇汤汁,汤汁比较多,宜选用深一点的汤盘,周围可以选用一些胡萝卜、黄豆、豌豆或者油菜等进行点缀,把菜品色彩搭配得更加丰富。

做法

1 仔鸡去内脏,下入清水锅当中,放入葱、姜、料酒,烧开之后撇去浮沫,炖煮15分钟,关火,用原汤浸泡15分钟后捞出。

2 将仔鸡去骨,去骨之后胸脯朝下,摆放在大碗当中。

3 花生去皮,摆放在鸡肉上面,加入盐、高汤,密封好之后,上锅蒸40分钟,取出。将原汤滗出,将鸡肉扣放在汤盘中,原汤淋水淀粉勾芡,加葱油,加余好的胡萝卜丁进行点缀,将原汁淋在鸡肉上即可。

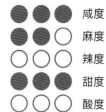

●●●	咸度
●●○	麻度
○○○	辣度
●●●	甜度
○○○	酸度

板栗烧鸡

演变菜式:板栗烧肉

香气扑鼻,甜咸软糯,老少咸宜

味型:咸甜味

技法:烧

　　板栗素有"干果之王"的美誉,以板栗和鸡为原料制作的这道菜,是川菜中的一道传统佳肴。板栗烧鸡不仅营养丰富,还有一定的食疗功效,有补脾胃,强筋骨,止泄泻的作用,一般人群皆可食用,尤其适于老人和体弱者食用。

名厨秘诀

1 鸡块要炸两次,炸鸡块时要注意火候,第一次炸的时候油温不能太热,鸡块炸至断生即可,不能炸太老;第二次炸的时候油温要略高,炸至酥脆。

2 加入板栗和炸好的鸡块炒制时,要用小火,开始就用大火的话,汤汁很容易变干,板栗可能还没有熟透,等板栗烧透入味时再改用大火。

材料

整鸡	1 只
板栗	50 克
鲜红辣椒	15 克(1 个量)
鲜青辣椒	15 克(1 个量)

调料

葱段	15 克
姜块	15 克
料酒	10 克
花椒	3 克
八角	2 克(约 4 颗)
盐	3 克
色拉油	20 克
香油	3 克
酱油	10 克
高汤	30 克
水淀粉	20 克

做法

1 先把鸡肉剁成小块,鸡腿去掉大骨后剁成小块。鲜青、红辣椒均切成块。

2 锅置火上,加油烧至7成热,放入鸡块炸至断生,捞出。

3 待油温升至8成热,将鸡块倒入油锅中,复炸。

4 将鸡块复炸至金黄色时,倒入漏勺内,沥干油分。

5 锅内留底油,放入花椒炒出香味后加盐、料酒、酱油、葱段、姜块、高汤烧开。

6 加入去了皮的板栗和炸好的鸡块,放入八角、青辣椒、红辣椒,用小火烧透。

7 用水淀粉勾芡,淋入香油即可出锅装盘。

1

2

6

摆盘 用古香古色的圆形碗盘盛装最适合，更能衬托出这道菜浓香醇厚，美观大方的特点。脆嫩的鸡块中散落着圆润香糯的板栗，还有青辣椒和红辣椒点缀其间。动筷品尝，让人爱不释"口"。

糖醋松酥鱼

演变菜式：糖醋虾仁、糖醋里脊

颜色金黄，外酥里嫩，有浓厚的糖醋香味

味型：糖醋味

技法：炸

　　此菜为宴会大菜之一，这种做法也可以用来做鳜鱼、鲫鱼和黄鱼。这道菜的最大特点就是将鱼去头、去骨，以十字花刀的形式剞花刀，然后拍干淀粉，通过炸制的过程，高温定型，小火浸炸，将鱼肉炸得非常酥脆，再配上四川独有的糖醋汁，口感酸甜酥脆。

咸度 ●●○

麻度 ○○○

辣度 ○○○

甜度 ●●●

酸度 ●●●

名厨秘诀

1 鱼身上的十字花刀不宜大，要刻画均匀，整体效果才会美观。

2 鱼下锅炸前要裹一层干淀粉。

3 鱼要炸两次，第一次油温要略低，把鱼肉炸熟，第二次油温略高，把表面炸酥。

材料

草鱼 1 尾 （约 750 克）

油菜 30 克

调料

酱油 5 克

白糖 30 克

醋 30 克

料酒 5 克

姜末 3 克

蒜末 3 克

香葱末 5 克

高汤 20 克

水淀粉 15 克

干淀粉 200 克

色拉油 1500 克（约耗 50 克）

盐 3 克

做法

1 鱼刮鳞，剖腹去内脏洗净，砍去鱼头，从背部剖成两半，去骨去刺，将鱼肉剞十字花刀，装碗内用料酒、盐、胡椒粉码味，裹一层干淀粉。

2 取一碗，放酱油、醋、白糖、料酒、高汤、水淀粉兑成碗汁。

3 油菜洗净，用剪刀剪去菜叶部分，剪成前端圆后面尖的形状，入沸水中氽熟，捞出沥水，码放在盘子周围。

4 锅内油烧至6成热，将鱼放入炸熟捞起，待油温上升后再复炸至皮酥，捞出装盘。

5 锅内留底倒油，下姜末、蒜末、香葱末炒香烹入步骤2的碗汁炒匀，淋在鱼上即成。

刀工 鱼肉剞十字花刀

1

4

5

选用略长于鱼肉的椭圆形长盘, 将鱼整齐地码放在盘中央, 鱼的形状就像一只毛绒绒的松鼠。鱼两侧各用 4 片修剪整齐的油菜做装饰, 油菜之间距离相等, 圆头朝向盘里, 尖头朝向盘外。

●● ○	咸度
○○○	麻度
○○○	辣度
○○○	甜度
○○○	酸度

白汁鱼肚

演变菜式:酸辣鱼肚、三鲜鱼肚

色调素雅,鱼肚软糯,鸡蓉鲜嫩,汤汁晶莹剔透,味极鲜美

味型:咸鲜味

技法:烩

　　白汁鱼肚是四川的一道名菜。这道菜的色泽非常洁白,是一道典型的宴席菜,充分地体现了鱼肚自身食材的鲜味,配以高汤,味道极好。

名厨秘诀

1鱼肚在涨发的过程中,一定要充分地涨发透彻,如果涨发不够透彻,会影响菜品的成菜和口感。

2涨发的时候,油温一定要控制好,如果油温过高会炸焦,油温过低则会涨发不充分。

3鱼肚涨发之后要反复漂洗,将炸鱼肚时含有的油脂充分漂洗干净,然后再用高汤煨制入味。

材料

水发鱼肚　300 克

熟火腿　20 克

西蓝花　20 克

调料

高汤　250 克

盐　3 克

料酒　5 克

胡椒粉　1 克

水淀粉　10 克

香油　3 克

鸡蛋清　25 克(约 1 个量)

做法

1鱼肚涨发后之后改刀长5厘米,宽3厘米的块。

2将切好的鱼肚加入高汤中汆透捞出,沥干之后再次放入高汤。

3小火,调入盐、料酒、高汤、胡椒粉煨制入味后淋入水淀粉勾芡,最后撒入熟火腿末。

4另起锅,锅内放少许水,煮开后放盐,汆制西蓝花,将汆制好的西蓝花摆放在鱼肚的两侧后即可上桌。

刀工:鱼肚切成长方形块

1

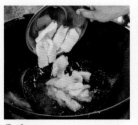
2-1

3

碧绿椒麻鱼肚

演变菜式：椒麻肚丝、椒麻鲜鱿

色泽翠绿，鱼肚滑爽，整体成菜给人一种艳丽的感觉

味型：椒麻味

技法：烧

　　碧绿椒麻鱼肚是我自创的菜品。是根据冷菜中的椒麻鸭掌、椒麻肚片、椒麻肚丝这类菜演变来的，然后加入热菜系列。这道菜改变了传统意义上冷菜冷吃的方式，应用到热菜当中，选用的是上好的鱼肚。洁白的鱼肚配上碧绿的汤汁，颜色上相得益彰。从口感上来说，这种淡淡的花椒味和淡淡的葱香搭配鱼肚是一种完美的结合。

名厨秘诀

1 烫香葱是非常有讲究的，一定要水开了才能把香葱放入锅中，但是不能等到水再开，再开的话香葱的叶颜色会变暗，就没有那么翠绿了。所以一定是水开后，把香葱迅速投入到开水中，离火，用筷子迅速打匀，使其受热均匀。待颜色全变为翠绿色之后，马上捞起来，放入冰水中降温。

2 香葱烫后放入冰水中，一是可以保持香葱的味道，二是能让它的颜色保持翠绿的状态。

做法

1 水发鱼肚改刀成3厘米宽、5厘米长的大块，然后用高汤煨制入味。

2 香葱叶在开水锅中略烫变色后，捞出在冰水中过凉，加高汤一起放入打碎机，搅打成葱汁，捞去葱末。

3 将葱汁放入锅中烧开，调入盐、藤椒油，用水淀粉勾芡，最后浇在鱼肚上即可。

材料

水发鱼肚　300 克

香葱　100 克

调料

藤椒油　15 克

盐　3 克

高汤　50 克

水淀粉　15 克

1　**2**　**3**

摆盘 椒麻味一般是用于凉菜当中,而这道菜是巧妙地运用到热菜中。摆盘以位上和例上皆可,位上可以选用汤盘或汤盅,例上可以选用大点的钵盘,盘边配以南瓜等有色差的食材作为点缀。

糖醋脆皮鱼

演变菜式：家常脆皮鱼、糖醋脆皮鱼条

色泽艳丽，形状美观，皮酥肉嫩，糖醋味浓

味型：糖醋味

技法：烧

　　此菜具有一定的刀工技艺，要掌握火候，菜品有浓烈的糖醋味，适合下酒。糖醋脆皮鱼是四川地区汉族的传统名菜。相传，从前在四川临江傍水的城镇中，有一种小吃名为"香炸鱼"，是用新鲜的小鱼处理干净后，裹上面糊炸制而成的，成品皮香肉嫩，携带方便，深受人们喜爱。糖醋脆皮鱼就是在香炸鱼的基础上创制而成的一款地方风味浓郁的菜式。

名厨秘诀

1选用新鲜的鲤鱼或草鱼。剞花刀时要刀距相等，深浅一致。

2挂淀粉糊时要薄厚均匀，炸时要把油淋在鱼身上，并使鱼片翻起。

3芡汁色泽宜棕黄，注意有色调味品的使用量要适度，醋也可以在起锅前放入。

材料

草鱼	1尾（约重700克）
青辣椒丝	5克
红辣椒丝	5克

调料

葱丝	15克
盐	3克
酱油	5克
白糖	5克
高汤	100克
料酒	5克
色拉油	100克（约耗20克）
醋	15克
水淀粉	10克
葱末	5克
姜末	5克
蒜末	5克
干淀粉	10克

做法

1 鱼经过初加工以后，沥干水分，剞花刀时先用直刀法刻入鱼肉内，到脊骨时刀身放平，向头部平片，鱼身两面各刻6~8刀。

2 再将料酒、盐抹遍鱼身，撒上干淀粉，再挂上浓稠的水淀粉。

3 用烧至7成热的油淋在鱼身上，操作时要使鱼片翻起，把鱼放入油中烹炸，在鱼肉断生外焦里嫩时，捞出放入盘中，用干净的布轻轻压松。

4 炒勺内放高汤、料酒、盐、白糖、醋、酱油，用大火烧开。汤烧开以后撇去浮沫，加入水淀粉勾芡。

5 下入葱、姜、蒜末后搅拌均匀调成芡汁浇在鱼身上。

6 撒上切好的葱丝、青红辣椒丝。这道菜就做好了。

1　　　　3　　　　5

选用简洁的白色长椭圆形盘子,鱼码放在盘子中央,就像是游泳的姿势,鱼背上撒上葱丝、青红辣椒丝,三种颜色的量要均匀。因为鱼肉打了花刀,使得鱼肉呈片状略微向外展开,汤汁也更充分地浸入到鱼肉里。

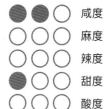

●●○	咸度
○○○	麻度
○○○	辣度
●○○	甜度
○○○	酸度

红烧甲鱼

演变菜式:无

肉质软烂,味道鲜美、浓香,营养丰富

味型:咸鲜味

技法:烧

　　红烧甲鱼是四川的一道传统菜。甲鱼肉味道非常鲜美,营养丰富,食用价值很高。红烧甲鱼不仅是一道美味佳肴,更是一等药膳,对高血压、冠心病等患者都有一定的食疗功效。

名厨秘诀

1 吃甲鱼要宰食活的,一定不能吃死的。

2 猪肉、鸡翅和甲鱼剁块时,大小要一致,这样放在一起炸的时候才会熟得比较均匀。炸制的时候不要炸得太熟,断生即捞出。

3 高汤烧开后,要转小火,烧至酥烂入味再用漏勺捞出即可。

材料

甲鱼	1只(约重1500克)
鸡翅中	8个
猪肉	100克
青辣椒	50克
红辣椒	50克

调料

高汤	200克
葱段	20克
蒜片	20克
姜片	20克
蒜瓣	20克
色拉油	1000克(约耗20克)
酱油	15克
胡椒粉	1克
八角	1克(约2颗)
盐	3克
水淀粉	20克
料酒	5克
蚝油	10克

做法

1 先把猪肉切成小块；鸡翅翅中部分剁成小块；再把经过初加工的甲鱼剁成块。青辣椒和红辣椒分别切段。

2 锅中倒入油,烧至8成热时,放入蒜片,把鸡块、甲鱼块和猪肉块一起放入油中炸至断生,捞出沥油。

3 炒锅打底油,放入葱、姜进行煸炒,放入八角,再把甲鱼、鸡翅、猪肉下入锅中煸炒。放入酱油、胡椒粉、盐和蚝油、高汤,搅拌均匀。

4 汤煮沸以后,用小火烧至肉酥烂。用漏勺捞出装盘,原汤用水淀粉勾芡,打明油,浇在肉上,用青辣椒和红辣椒段点缀即可。

1　　　2　　　3

摆盘 红烧甲鱼是一道大菜, 原材料整体都为块状, 适宜选用古典气息浓厚的圆形汤盘, 甲鱼块、鸡块、猪肉块直接盛放在盘中即可, 不用特意码放, 然后浇上汤汁, 最后放上青、红两种颜色的辣椒做点缀。

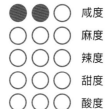

板栗鳝段

演变菜式：栗枣红烧肉

菜品以咸鲜味为主，鳝鱼入味，板栗软糯

味型：咸鲜味

技法：烧

这道菜是在大蒜烧鳝段的基础上演变而来的。大蒜烧鳝段是微辣的，而这道菜是为喜欢吃鳝鱼又不喜欢吃辣的食客特别设计的，是北方食材和南方鳝鱼的完美结合。

名厨秘诀

1 板栗在蒸制过程中一定要蒸透，并加上白糖，以增加板栗的甘甜口味。

2 鳝鱼在炸制过程中一定要控制好油温，如果油温过低鳝鱼不成型，如果油温过高，鳝鱼则会炸焦，影响菜品的色泽和口感。

材料

鳝鱼　300 克

板栗　100 克

青辣椒　10 克

红辣椒　10 克

调料

葱节　5 克

姜片　5 克

蒜片　5 克

盐　3 克

酱油　5 克

白糖　3 克

水淀粉　5 克

香油　3 克

高汤　50 克

做法

1 鳝鱼切5厘米长的段，油锅烧至7成热，将鳝鱼炸至微焦捞出。青、红辣椒分别切成大小均匀的菱形片。

2 板栗加葱、姜、白糖，小火上锅蒸制约1个小时，取出。

3 锅内留底油，下葱、姜、蒜爆香，加入盐、白糖、酱油、高汤搅拌均匀，将鳝鱼、板栗、青红辣椒片一同入锅，小火煨制约8分钟，用水淀粉勾芡，淋香油即可。

1-1

1-2

3

摆 盘 使用圆形的盘子堆放盛装,盘子颜色稍深,菜品呈现出厚重的颜色,青、红辣椒也起到了提亮菜品的作用。

三鲜鲍鱼

演变菜式：三鲜裙边、三鲜鱿鱼

色调淡雅，内容丰富，味道鲜美，清淡宜人

味型：咸鲜味

技法：烩

材料

鲍鱼　300克

泡发冬菇　50克

口蘑　50克

鸡肉　20克

冬笋　20克

火腿　10克

青辣椒　5克

红辣椒　5克

调料

盐　3克

料酒　3克

胡椒粉　1克

高汤　100克

水淀粉　5克

姜片　5克

名厨秘诀

1 由于原料很多，切的时候尽量都以片状呈现，否则会显得杂乱，影响美感。

2 各原料先在沸水中汆熟再炒制，更容易控制菜品的色泽和成熟度。

做法

1 先将鸡肉、火腿、冬笋分别切成4厘米长、2.5厘米宽、3毫米厚的长方形片，冬菇、口蘑切成片，青、红辣椒分别切成菱形片。

2 鲍鱼切成4毫米厚的片。

3 鸡片、鲍鱼分别加料酒、盐腌制。

4 鲍鱼、冬菇、口蘑、火腿、冬笋、鸡片入开水锅中汆透，捞出，沥水。

5 锅内另放高汤，将汆好的食材全部倒入锅中翻炒，放姜片、青辣椒片、红辣椒片后搅拌均匀，依次再放入料酒、盐、胡椒粉烧至入味，最后用水淀粉勾芡，淋入明油，出锅装盘即可。

摆盘　这是一道川菜宴会的大菜，需选品质高档的盘子盛装，以显示出菜品的大气醇厚。菜品用料很多，辣椒也选用了绿色和红色两种，给颜色丰富的菜品增加了亮点。

咸烧白

演变菜式:水煮烧白,万字烧白,龙眼咸烧白

色泽棕红,味道鲜美,宜于下饭

味型:咸鲜味

技法:蒸

材料

猪五花肉　500 克

芽菜　50 克

豆豉　10 克

油菜　10 克

调料

盐　1 克

酱油　10 克

色拉油　500 克(约耗 10 克)

葱段　15 克

姜片　15 克

名厨秘诀

1 处理五花肉的过程比较麻烦,切片时要规格一致,装盘时要注意形态美观。

2 蒸的时候要用大火,因为是长时间蒸制,锅内的水量要放充足,防止锅底烧干。

摆盘 选用白色的盘子,长略大于宽,最底下的芽菜被肉片盖住,从外部形态上看不到芽菜。肉片长度一致,整整齐齐一片压一片地码好,把芽菜裹得结结实实。菜品外部用油菜围圈装饰,整道菜呈现出浓淡相宜的色彩。

做法

1 芽菜洗净,切细,与豆豉拌匀。猪五花肉用温水刮洗干净,放开水中煮10分钟,煮时加葱段、姜片,捞起晾凉后将酱油抹于肉皮上。

3 油烧至6成热,将肉皮向下入锅炸至肉皮呈现深红色,用筷子扎一下,不出血水翻面炸另一面,两面均为金黄色时捞出放入煮锅内煮制,然后捞出晾凉后再切成片。

4 把切好的肉片放入调好的味汁(将酱油、盐拌匀)中稍微腌渍,整齐码放在盘中,放上拌好的芽菜,用大火蒸约2小时,取出扣在盘中。

5 油菜余熟,沥水,围在咸烧白周边即成。

● ○ ○	咸度	
○ ○ ○	麻度	
○ ○ ○	辣度	
○ ○ ○	甜度	
● ● ○	酸度	

酸菜海参

演变菜式:酸菜鸡丝

参糯汤鲜

味型:咸鲜味

技法:煮

　　酸菜是四川独有的一种酱菜,用它做出来的菜品汤味浓郁,酸香爽口,再配以海参这类名贵的食材,可以凸显酸菜的香味。而海参有较高的营养价值和药用价值,《本草纲目拾遗》中说道:"海参,味甘咸,补肾,益精髓,摄小便,其性温补,足敌人参,故名海参"。可见其功效。

名厨秘诀

1酸菜尽量选用根部,这样酸菜的味道更浓郁,菜品形态也更美观。

2海参一定要在汆水后再加高汤入味。

3涨发好的海参应反复冲洗以除去残留的化学成分;

4海参发好后适合于红烧、葱烧、烩等烹调方法;

5存放海参时注意:发好的海参不能久存,最好不超过3天,存放期间用凉水浸泡,每天换水2~3次,不要沾油,或放入冰箱中保鲜;如果是干货保存,最好放在密封的木箱中,防潮。

材料

水发海参	300 克
四川酸菜	150 克

调料

高汤	200 克
盐	3 克
色拉油	10 克
姜丝	5 克
料酒	2 克

做法

1将海参片薄片汆水后,入带料酒的高汤中略煮入味。酸菜切成丝。

2另起锅,锅内放底油,将酸菜下锅煸香,加入少许姜丝,加入高汤调味。

3将煨制好的海参下入步骤2的汤中,加盐,烧至入味,起锅装盘即可。

1-1

1-2

2

摆盘 这道菜属于典型的宴席菜，装盘的时候尽量选用高档的汤盅或玻璃器皿盛装。

网油蟹肉卷

演变菜式：网油鸡丝卷

色泽金黄，质感酥香

味型：咸鲜味

技法：炸

　　网油这种原料对于现代人来说已经很陌生了，其实网油是一种很好的食材，通过炸、蒸的方式，能够充分地让原料吸收到动物性油脂。尤其是在蒸鱼的时候加一些网油，可以使鱼肉更加滑嫩。像蟹肉、冬笋和香菇都是没有过多油脂的食材，所以用网油的油脂来补充原材料的不足，也可以更好地提升口感。

名厨秘诀

1 蟹肉在煮熟之后，且冬笋和香菇分别汆水之后，一定要把多余的水分沥干，这样便于在炸制过程中更好地成型。

2 网油在卷制的时候一定要边卷边压紧，防止下锅之后遇热散开不成型。

材料

蟹肉	150 克
冬笋	30 克
香菇	30 克
网油	500 克

调料

盐	10 克
干淀粉	20 克
色拉油	1000 克（约耗 50 克）
花椒面	15 克

做法

1 将蟹肉煮熟，拆成丝。冬笋、香菇分别切细丝。将3种食材放入盛器当中，调入盐拌匀后备用。

2 网油平铺在砧板上，厚的地方敲平，将拌好的步骤1均匀地码放在网油的一端，从网油的一端卷起，随卷随用手压制，以保证卷的紧实。卷好之后，放在干淀粉中均匀地包裹一层淀粉。

3 油锅烧至6成热，下入卷好的蟹肉卷，炸至金黄色捞出，改刀成形，装盘，再配以椒盐（用15克花椒面和10克盐配制）一起上桌即可。

1

2

3

龙眼烧白

演变菜式:无

颜色红润,质地软糯,味道香甜,肥而不腻

味型:咸鲜味

技法:蒸

    龙眼烧白这道菜因造型像龙眼而得名,是四川的传统菜肴。这道菜外形奇特美观,肉卷里包裹着莲子,看上去就像一个个龙眼。主料虽然是用猪五花肉做的,但是并不油腻,且味道香浓。

名厨秘诀

1 猪五花肉在油锅中煎至表皮呈棕红色,注意控制火候,不要煎煳了。

2 猪五花肉切片时要尽量切得薄一点。

3 卷莲子的时候,莲子要靠近肉皮一侧,这样才能有龙眼的效果。

做法

1 把猪五花肉用水煮7成熟后捞出,莲子用凉水浸泡30分钟后,剔除莲子芯。

2 炒锅放到火上烧热后放油,同时把猪五花肉表面的水气沾干,然后抹上醪糟汁。

3 将猪五花肉放入油锅中,煎至表皮棕红色时捞出晾凉备用。

4 将猪五花肉切成17厘米长、1.5毫米厚的薄片,放在盘中。

5 把莲子放在肉片儿靠肉皮的一侧,卷成圆筒,然后皮面朝下,整齐地竖立码在碗中,上笼蒸约2个小时,取出,翻扣在盘内。

6 油菜在沸水中氽熟,捞出沥水,码放在烧白周围。

7 原汁用水淀粉勾芡,把芡汁浇在龙眼烧白上即成。

材料

猪五花肉	250 克
莲子	50 克
油菜	10 克

调料

色拉油	500 克(约耗 20 克)
水淀粉	5 克
盐	3 克
酱油	5 克
醪糟汁	10 克

5

7-1

7-2

摆盘 菜成品是圆形的，适于用圆形的菜盘盛装，龙眼烧白扣在盘内，就像很多只龙眼望向四面八方。菜用酱油调的汁上色，周边搭配油菜，有除腻的感觉。莲子的软糯和肉卷的鲜香，让人很想夹起来品尝。

酥肉汤

演变菜式:无

汤鲜味浓,肉质酥嫩

味型:咸鲜味

技法:煮、炸

材料

猪里脊肉	300 克
圆白菜	50 克
菠菜	50 克
鸡蛋	1 个

调料

盐	3 克
高汤	300 克
料酒	5 克
葱段	5 克
蒜片	5 克
姜片	5 克
干淀粉	10 克
花椒	2 克
色拉油	20 克
胡椒粉	3 克

名厨秘诀

1 炸酥肉的时候,挂糊不宜过厚,如果过厚会影响酥肉的质感。

2 酥肉在汤中尽量多煮一段时间,使其充分吸收水分,可提升口感。

摆盘 以汤盘为主,汤菜的形式出现。位上或者例上皆可,位上时也可使用汤盅。

做法

1 猪肉切薄片,用刀背细细敲松,加入料酒、盐、胡椒粉、花椒、葱段、姜片抓匀腌制半小时。

2 鸡蛋打散后再加入适量干淀粉,将猪肉均匀地包裹一层全蛋糊。

3 油烧至6成热,将肉逐片下入炸熟后捞出沥油,待油温升高至8成热再下入复炸,捞出晾凉后切成小块。

4 锅内留少许底油,下入姜片、蒜片爆香后将切成块的圆白菜倒入,小火烧透,倒入高汤,调入料酒、盐和胡椒粉,烧开后下入酥肉转小火烧制5分钟,倒入菠菜,略煮即可。

黄焖虾肉

演变菜式:黄焖鸡柳

颜色浅黄,肉质鲜嫩,二冬香脆

味型:咸鲜味

技法:炸、烧

材料

大虾　300 克

冬笋　50 克

冬菇　50 克

鸡蛋　2 个

胡椒粉　3 克

姜片　3 克

蒜片　3 克

葱节　5 克

水淀粉　5 克

干淀粉　10 克

色拉油　1000 克(约耗 20 克)

调料

盐　3 克

料酒　2 克

名厨秘诀

1 做鸡蛋糊的时候,要控制好鸡蛋和淀粉的比例,不要太稠,否则会使虾挂糊时不匀。

2 炸虾的时候要炸两次,第一次炸时油温要略低,第二次复炸时油温要略高,炸至虾皮变酥,表面变浅黄色即可。

摆盘 这道菜颜色较浅,不妨选用颜色略深的盘子盛装。不必装得太满,留出一些空余,菜品泛着淡淡的金黄色泽,呈现出雅致酥香的特点,吃在口中也是鲜嫩无比。

做法

1 将虾去头去壳,去虾线,装碗内用料酒、盐、胡椒粉码味,鸡蛋打散加干淀粉调成糊,将虾放入其中裹面衣。

2 冬笋切片后氽制,水发冬菇洗净去茎用开水氽熟,片成片。

3 锅内倒油烧至6成热,将虾逐个放入,稍炸后捞起,待油温上升至8成热复炸,皮酥时捞起。

4 锅内留底油,将葱、姜、蒜炒出香味,加冬笋、冬菇、大虾煸炒均匀,用盐调味,用水淀粉勾芡后装盘。

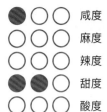

◖○○	咸度
○○○	麻度
○○○	辣度
◖◕○	甜度
○○○	酸度

芒香果味虾

演变菜式：无

色泽艳丽，果香十足

味型：果香味

技法：炸

　　芒香果味虾是我自创的一道菜品，里面巧妙地运用了卡夫酱。卡夫酱一般是在做沙拉的时候用，很少用于热菜中，但这道菜将卡夫酱很好地运用到了热菜当中。

名厨秘诀

1 这道菜的虾相对来说个体较大，在炸的时候，第一遍的油温不宜过高，以定型为主。二次复炸的时候油温可略微升高，这样才能达到外酥里嫩的效果。

2 这道菜在虾的处理上，不用挂糊，只用拍粉的形式，这样炸出来的虾肉形态更加美观。

3 卡夫酱调好下锅的时候，锅不能太热，否则会将汁烧制变味，开小火即可。

材料

明虾　6只（200克）

调料

牛奶　10克

蜂蜜　1克

卡夫酱　50克

果珍　10克

芒果　10克

猕猴桃　10克

甜瓜　10克

盐　3克

白糖　5克

干淀粉　20克

做法

1 将明虾开背去虾线之后，分别在虾肉上划刀，整个虾肉划3刀，然后把虾肉上的水分吸干，加入少许盐腌制入味。

2 在虾肉上拍干淀粉，下入油锅中，炸制成型，捞出，等油温升至8成熟时下入虾复炸，外酥里嫩时装盘。

3 另起锅将卡夫酱调入牛奶，将芒果、甜瓜、猕猴桃榨成汁，倒入卡夫酱、牛奶的混合液中，将果珍、盐、白糖、蜂蜜一同调匀，下锅加热后淋在虾上即可。

刀工：明虾开背后，再划2刀

1

2

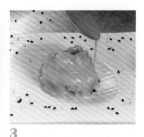

3

摆盘 这是一道典型的宴席菜,将虾摆放整齐后淋汁,然后点缀各种水果颗粒,一般均以平盘盛装。

咸度 ●○○
麻度 ○○○
辣度 ○○○
甜度 ○○○
酸度 ○○○

东坡肘子

演变菜式:东坡肉

<u>色泽红亮,肉质软糯</u>

味型:咸香味

技法:烧、蒸

　　宋代大文学家苏东坡不仅精通中医药学,还是一个美食家,他烹制的美食广为流传,以东坡肉、东坡肘子、东坡鱼为代表,这道菜就是以他的名字命名的代表菜式。

名厨秘诀

卤制猪肘时一定要控制好火力,以中、小火为宜,一般卤制3~4个小时,关火浸泡1个小时,这样猪肘颜色红亮,肉质鲜香。

材料

猪后肘	1 个(约1000克)
香菇	30 克
冬笋	20 克

调料

盐	15 克
酱油	30 克
糖色	100 克
葱段	20 克
姜片	20 克
八角	2 克(约4颗)
香叶	2 克(约4片)
桂皮	2 克
水淀粉	10 克

做法

1 将猪肘用明火反复烧制后放入清水中浸泡,把上面烧黑的部分用刀刮去。

2 汤锅中加入所有调料的一半制成卤汤,将猪肘放入卤汤中,卤至灺烂后取出,去骨,放入盛器中,灌入原汤,再上蒸锅蒸制约40分钟,取出,扣入大的汤盘中。

3 油锅烧热,放葱、姜爆香,放香菇、冬笋翻炒,加盐、酱油、糖色,倒入原汤,下入八角、香叶、桂皮,搅拌均匀后淋水淀粉勾芡,将汤汁浇在猪肘上即可。

1

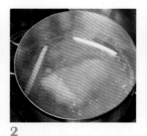
2

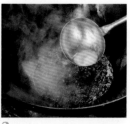
3

摆 盘 因为东坡肘子是去骨的，根据肘子大小可以选用适合的盘子盛装，还可选用油菜做装饰，一般均以平盘盛放。

锅巴肉片

演变菜式:锅巴海参、锅巴鱿鱼、三鲜锅巴

肉片鲜嫩,锅巴酥香,滋味咸、鲜,略带甜、酸

味型:荔枝味

技法:烩、炸

　　锅巴肉片这道著名的川菜除了一般菜肴所具有的色、香和外形外,在上桌时还带有声响,当把带汁的肉片倒在脆酥的锅巴上时,"滋滋"的响声热气腾腾,浓香四溢,足以见得川菜大师们的高超技艺和独具匠心。

名厨秘诀

1 炸锅巴时油温要高,汤汁以每片锅巴都能粘上为度。

2 肉片、锅巴都要保持热度,上桌的时候才能发出"滋滋"的响声。

3 本菜名为锅巴肉片,同样的原理,以锅巴为主料,配海参则成锅巴海参,配鱿鱼则成锅巴鱿鱼。

材料

猪里脊肉	150 克
大米锅巴	200 克
冬笋	50 克

调料

高汤	500 克
酱油	5 克
醋	5 克
泡椒	10 克
葱	15 克
姜片	5 克
蒜片	5 克
盐	3 克
白糖	10 克
料酒	3 克
水淀粉	10 克
色拉油	500 克(约耗 30 克)

做法

1 先把猪里脊肉切成5厘米长、2.5厘米宽、2毫米厚的片,切的时候刀和猪肉纤维的走向垂直或交叉。

2 切好的肉片放在碗内,加盐、料酒调味,再加水淀粉拌匀。

3 锅内放油,烧至5成热时放肉片,滑散。断生时倒在漏勺里。

4 炒锅内留底油,放葱、姜、蒜、泡椒炒出香味后放入冬笋,稍煸后加料酒、酱油、盐、白糖、醋,再放入水,放入滑好的肉片。

5 汤烧开以后撇去浮沫,再用水淀粉勾芡,淋入明油,装在汤碗内。

6 掰成大块的锅巴放在9成热的油中,炸至胀起,呈浅黄色时捞出装盘。上桌以后,把步骤5的卤汁浇在锅巴上即可。

1

3

6

摆盘 选用简洁的盘子盛装,刚炸好的锅巴盛在盘中,锅巴不要堆积得太厚重,以保证每个锅巴上都能浇到汤汁。肉片、锅巴都应保持热度,确保在殿堂内发出声响的效果,吃到心里都很暖和。

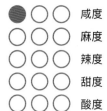

	咸度
●○○	咸度
○○○	麻度
○○○	辣度
○○○	甜度
○○○	酸度

高汤口蘑鱼丸

演变菜式:三鲜虾丸,双色鱼丸

鱼丸洁白,口感爽滑,汤鲜味浓

味型:咸鲜味

技法:氽

　　鱼肉基本是以炸、烧、炖、蒸的形式来制作的,这种氽的方法需要在原料的基础上精工细作。将鱼肉中的刺和鱼皮去掉之后,取鱼肉最精华的部位,打碎,上劲,然后加入适当调料,调成鱼蓉,最后氽制成鱼丸。

名厨秘诀

1 在打制鱼丸时,首先要将鱼刺剔除干净,以免影响口感。

2 在氽制鱼丸时,一定要用冷水下锅,过热的水可能会使鱼丸爆裂。

做法

1 将口蘑清洗干净,切成梳子刀状,开水氽后,加入高汤和料酒上笼蒸软。

2 将备好的高汤烧开,下口蘑入味后,倒入荷叶碗内。

3 将打制好的鱼糁挤成方便食用大小的丸子,放入冷水当中,再放入少许盐,小火烧开,氽熟捞入盛放高汤的荷叶碗内即可。

材料

鱼糁	200 克
水发口蘑	50 克

调料

高汤	200 克
盐	5 克
料酒	3 克

刀工:口蘑切成梳子刀状

1

3-1

3-2

摆 盘 使用半汤盘,中间放入氽好的鱼丸,口蘑围成一圈,也可以制成半汤菜,以汤盅的形式呈现。汤清味鲜,鱼丸细嫩,夏季佳肴。

●	○	○	咸度
○	○	○	麻度
○	○	○	辣度
○	○	○	甜度
○	○	○	酸度

肝腰同炒

演变菜式:火爆腰片

肝腰滑嫩爽口,无腥膻异味

味型:咸鲜味

技法:爆

　　这道菜制作方法比较简单,材料选用猪肝和猪腰,配以青辣椒和红辣椒,不仅使成品形态更好,也提升了菜品的口味。

名厨秘诀

1 猪肝和猪腰一定要多洗几遍,把猪腰里面白色的膜剔除干净。

2 猪腰会有腥味,炒制时要用料酒、葱、姜等去除腥味。

材料

猪肝	100 克
猪腰	100 克
青辣椒	50 克
红辣椒	50 克

调料

白糖	5 克
酱油	10 克
盐	3 克
料酒	5 克
高汤	10 克
水淀粉	5 克
泡红辣椒	5 克
葱段	5 克
姜片	5 克
蒜片	5 克
色拉油	500 克(约耗 30 克)
胡椒粉	3 克
干淀粉	10 克

做法

1 将猪肝切成薄片,猪腰用刀从中间划开,切除腰筋,剞麦穗花刀。把猪腰和猪肝加盐拌匀,加入干淀粉上浆。

2 碗里放盐、料酒、酱油、白糖、高汤、胡椒粉兑成碗汁。

3 猪肝、猪腰用热油滑至半生。

4 锅内底油把葱、姜、蒜、泡红辣椒炒至爆香后放入青、红辣椒炒至断生即可。

5 把步骤3放入锅中,搅拌均匀,烹汁,用水淀粉勾芡,淋明油即可出锅。

1

3

5

摆盘 使用椭圆盘或者方盘都可以盛装此菜，堆放即可。

1-1

1-2

2

油菜鸡米

演变菜式:无

色泽鲜亮,油菜碧绿,鸡米洁白,口感爽滑

味型:咸鲜味

技法:烩

材料

鸡肉　200 克

油菜　100 克

调料

盐　5 克

胡椒粉　2 克

料酒　5 克

高汤　200 克

姜片　5 克

葱　5 克

色拉油　20 克

干淀粉　20 克

水淀粉　50 克

鸡蛋清　50 克(2 个量)

名厨秘诀

1 鸡肉一定要切成黄豆大小的丁,如果过大则显得此菜不够精致,过小的话鸡米会不太成型。

2 在上浆滑油时,浆粉不宜过厚,以防影响口感。

做法

1 鸡肉切成黄豆大小,用盐、干淀粉、鸡蛋清上浆后入温油滑制。

2 将油菜洗净,余水后放入盘中码摆成扇面形状。

3 炒锅置中火上,倒入鸡米、高汤,加葱、姜、料酒、胡椒粉、盐,翻炒均匀后用水淀粉勾芡,淋明油,出锅盛在油菜边上即可。

摆盘 此菜可做位上的菜品,选用小盘单独摆放菜心和鸡米。也可例上,例上选用圆盘,将油菜放一侧,另一侧放鸡米。

开水白菜

演变菜式:无

菜质鲜嫩,清香味美

味型:咸鲜味

技法:氽、蒸

材料

黄秧白菜心　200 克

高汤　750 克

调料

盐　3 克

胡椒粉　1 克

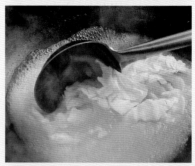

名厨秘诀

1 氽菜心的水要多,火要旺;氽后要立即放在冰水中,以保持菜的新鲜。

2 高汤最好选用川菜常用的高级汤汁。

3 菜心置于汤碗中的时候,不要堆放过高或过紧,堆放过高汤不能淹没菜心,蒸后发黄;堆放过紧则会增加蒸制时间。

做法

1 将洗净的白菜心切成花片状。

2 入沸水锅中氽至断生 (保持原色),捞出后立即放入冰水中。

3 取出理顺后放在汤碗内,加胡椒粉、盐和高汤 250 克。

4 上笼,用旺火蒸 2 分钟取出,滗去汤,再倒入高汤250克冲洗。

5 炒锅置旺火上,放入250克高汤烧至沸腾后,撇去浮沫,轻轻倒入盛菜心的碗内即可。

摆盘 此菜是典型的宴席菜,摆盘以高档骨质瓷的汤盅或水晶器皿为宜,以位上为主。

● ● ○	咸度
○ ○ ○	麻度
○ ○ ○	辣度
○ ○ ○	甜度
○ ○ ○	酸度

干煸冬笋

演变菜式：干煸玉米笋、干煸四季豆、干煸凉瓜

脆嫩兼备，清香味美

味型：咸鲜味

技法：炸、炒

　　干煸是四川独有的一种烹调手法，此菜最大限度地体现出干煸的手法，而且可以充分地品尝到肉末的甘香以及芽菜的醇香。

名厨秘诀

1 冬笋一定要先汆水，然后用高汤煨制，以去除其异味。

2 上油锅的时候，要通过两次的炸制，将冬笋水分充分炸干之后再进行煸炒，这样才能出来甘香的效果。

做法

1 将冬笋用刀拍松，再切成小一字条，把猪瘦肉切成绿豆大小的丁。

2 炒锅置火上，下色拉油烧至6成热时，将冬笋炸至浅黄色。

3 捞起冬笋，沥去油，锅内留油约15克。

4 下猪肉丁炒至酥香，放葱、姜，将芽菜入锅炒出香味。

5 再放入冬笋煸炒，再烹入料酒，依次放盐、酱油、白糖、辣椒，每放一样煸炒几下，最后放入香油，炒匀起锅放香葱末点缀即成。

材料

冬笋	200 克
猪瘦肉	50 克
芽菜	50 克

调料

香葱末	5 克
姜末	5 克
葱末	5 克
料酒	3 克
酱油	5 克
白糖	3 克
盐	3 克
香油	2 克
辣椒	3 克
色拉油	20 克

刀工：冬笋用刀拍松，切成条。

1　2　4-1

4-2　4-3　5

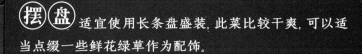

○ ○ ○		咸度
○ ○ ○		麻度
○ ○ ○		辣度
● ● ●		甜度
○ ○ ○		酸度

雪花桃泥

演变菜式:无

香甜嫩滑,油而不腻,味道鲜美

味型:甜味

技法:炒

　　这是一道典型的饭后甜品,是选用配餐面包经过特殊的加工工艺和烹调方式而呈现的一道甜品。

名厨秘诀

1浸泡面包泥的水要适量,少了就不鲜嫩了。

2核桃仁不适合切得太细,需要不断翻炒,动作要迅速。

3味道不宜过甜。成品可稍加一点明油。

4可在蛋泡上用各种果料摆成多种图形或文字。不用蛋泡就叫"炒核桃泥"。

做法

1将蛋黄和蛋清分开后分别打散。

2面包切成小丁,放入清水中,泡软,捞出后挤干水分,加入4个鸡蛋黄搅拌均匀,成为面包泥。

3核桃仁热水泡涨后去皮,用油稍炸后同蜜枣、瓜条、橘饼一起切成碎末。

4色拉油烧至4成热,放入面包泥不断翻炒,直到面包泥变成焦黄色,放入白糖继续翻炒,待白糖熔化后,面包泥已经渗出稍许油脂,下入步骤3的材料翻炒均匀,摆在盘中。

5鸡蛋清用打蛋器打成蛋泡,打发到7分发上蒸锅蒸制,取出后倒在面包泥上即可。

材料

面包	200 克
核桃仁	50 克
蜜枣	15 克
瓜条	15 克
橘饼	15 克
鸡蛋清	4 个

调料

色拉油	10 克
白糖	50 克
蜜樱桃	10 克

刀工.各原料均切成碎末

3

4

5

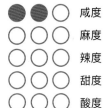

●●○	咸度
○○○	麻度
○○○	辣度
○○○	甜度
○○○	酸度

连锅汤

演变菜式:无

取料方便,味道怡人,有汤有菜,经济实惠

味型:咸鲜味

技法:煮

　　连锅汤是一款独具四川乡土风味的菜肴。白萝卜是四川当地非常独特的一种食材,味道甘甜,没有异味,而且配上新鲜的五花肉同煮,萝卜能够吸收肉的香味,同时肉中也融入了萝卜的香气。

名厨秘诀

1 肉片不要切太厚,萝卜片不宜切得过薄,以免在汤中煮碎。

2 调味汁以个人口味为标准,可以用郫县豆瓣酱,也可以用豆豉酱。

材料

猪五花肉　250 克

高汤　300 克

白萝卜　50 克

调料

姜　10 克

葱　10 克

花椒　3 克

盐　3 克

胡椒粉　1 克

郫县豆瓣酱　10 克

料酒　2 克

醋　5 克

蒜末　5 克

香葱末　10 克

做法

1 制作的时候,把肥瘦相间的猪五花肉切成5厘米长、2.5厘米宽、3毫米厚的片;白萝卜去皮切成6厘米长、2.5厘米宽、3毫米厚的片。

2 炒锅放到火上,加入底油,放花椒、姜片炒香。

3 另起锅将高汤烧开后放入肉片、白萝卜片、葱段,接着加入胡椒粉、盐、料酒,同时撇去浮沫,将葱段拣出后倒在汤盆内。

4 另起锅取油,烧热后加郫县豆瓣酱炒香,加入蒜末、姜末、料酒,加少许高汤,最后加少许醋,装在小碗内,同时撒上香葱末,作调味汁食用。

5 上桌时调味汁同连锅汤同上。

1

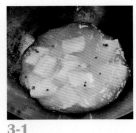
3-1

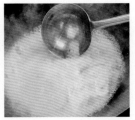
3-2

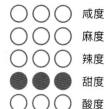

	咸度
○○○	咸度
○○○	麻度
○○○	辣度
●●●	甜度
○○○	酸度

八宝锅蒸

演变菜式:无

质感软糯,香甜可口

味型:甜味

技法:炒

　　八宝锅蒸是川菜当中一道典型的甜菜,选料和制作方法简单,成品具有浓郁的地方特色。

名厨秘诀

1 炒制时火力要控制好,用小火,如果火力太大,面粉没有炒熟,边上就已经出现煳锅的现象。

2 在加入白糖之后应离火,待白糖熔化之后,再次上火,加水翻炒。

做法

1 将蜜瓜片、蜜枣、橘红、核桃仁、薯干、腰果、花生米均切成绿豆大的丁,盛入碗中备用。

2 锅置旺火上,下色拉油20克,烧至6成热,下面粉炒香(呈浅黄色),加沸水150克搅匀。

3 然后下白糖、色拉油10克,炒至呈沙粒状盛入盘内,将碗中切好的步骤1的果粒料撒在上面即成。

材料

面粉	100 克
蜜瓜片	10 克
蜜枣	10 克
薯干	10 克
核桃仁	10 克
花生米	10 克
腰果	15 克
橘红	6 克

调料

色拉油	30 克
白糖	120 克

刀工:各原料切成绿豆大的丁

1   **2**    **3**

2

4-1

4-2

夹沙肉

演变菜式:无

甜而不腻,米香十足

味型:甜味
技法:蒸

　　这是典型的用糯米和猪肉结合的一道菜品,猪肉以夹刀片的形式,中间夹上豆沙,酿入糯米蒸制而成。

材料

猪五花肉	250 克
豆沙	80 克
猪油	75 克
圣女果	50 克
糯米	50 克
蜜饯	20 克

调料

白糖	20 克
葱白	20 克
色拉油	100 克 (约耗 20 克)
蜂蜜	10 克

名厨秘诀

猪五花肉要用旺火蒸制90分钟。

做法

1 糯米淘洗干净,加水入锅煮熟成糯米饭备用。猪肉剃毛,洗净,入汤锅中煮至7成熟时取出,趁热在肉皮上涂抹蜂蜜,晾凉备用。

2 炒锅上火,入色拉油烧至5成热下猪肉煎至红褐色时捞出控油。

3 另起锅下核桃仁略炸,捞出控油后拍成末与豆沙搅拌均匀。

4 蜜饯切成小丁与糯米饭拌匀。

5 将五花肉切成夹刀片,中间夹入步骤3后整齐码入铺上糯米饭的碗内,上蒸锅蒸90分钟。

6 将步骤5取出扣入盘内,浇上熬好的蜂蜜、白糖即可。

摆盘 使用浅式平盘装盘,可以点缀一些时令水果,作为配料。

风味小吃

四川小吃历史悠久、风味突出、独具一格，富有地方特色。它和川菜中的国宴菜、热菜、凉菜一样，占有相当重要的地位。

四川凉面

●●○○○	咸度
●●○○○	麻度
●●●○○	辣度
●●●○○	甜度
●●○○○	酸度

演变菜式：无

清爽利口，劲味十足

味型：咸甜酸辣味

技法：煮、拌

四川凉面是四川的汉族传统小吃，在四川全省都有很大影响。近几年更是走出四川，走向大江南北、走向全国各地人们的餐桌，深受广大食客的欢迎和好评。

四川凉面采用了川味的精华，只要掌握了川味的几种调味料，制作出的四川凉面就会令人食后大呼过瘾。

凉面在煮制的时候，不能煮到10成熟，应煮到8成熟，这样可以增强它的口感。

名厨秘诀

1 煮面时间不能太长，时间长了面条变得软塌，吃起来就没有筋道的口感了，所以刚断生即刻关火捞出浸入冷水中。

2 晾面条的时候尽量把面条都摊开放置，不要重叠在一起，以免面条坨在一起，如果方便的话，还可以用风扇对着面条吹，效果更好。

材料

圆细面条	200 克
牛肉末	30 克
黄瓜	50 克

调料

辣椒	5 克
花椒	3 克
葱	5 克
姜	5 克
蒜	5 克
香油	2 克
盐	3 克
白糖	3 克
酱油	5 克
芝麻酱	5 克
醋	5 克
熟白芝麻	2 克
色拉油	5 克

做法

1 将面条煮熟后捞出，过一下凉水，待用。

2 热油炸花椒及辣椒，制得花椒油和辣椒油。

3 黄瓜切成细丝，葱、姜、蒜切成细末。

4 锅内放少许油，煸香葱、姜、蒜，放入牛肉末煸香，放少许酱油后盛出，晾凉后放入芝麻酱、酱油、香油、花椒油、辣椒油、白糖、盐、醋搅拌均匀后备用。

5 凉面和酱汁搅拌均匀，略撒上熟白芝麻和黄瓜丝，即可。

1

3

5

●○○	咸度
●○○	麻度
●●○	辣度
●●○	甜度
○○○	酸度

红油钟水饺

演变菜式:无

皮薄,馅嫩,鲜香可口

味型:甜香味

技法:煮

    红油钟水饺的创始人是钟少白,店原名叫"协森茂",1931年开始挂出了"荔枝巷钟水饺"的招牌。钟水饺与北方水饺的区别主要是肉馅全用猪肉,不加其他蔬菜,上桌时加上特制的红油,甜中带咸,还兼有辛辣味,风味独特。

名厨秘诀

1此菜如果只加高汤,就叫高汤水饺,加鸡汤的话就叫鸡汤水饺。

2煮制的时候,锅内水开之后再下水饺,然后轻轻沿锅边搅动,煮制六七分钟,待饺子浮起后即成熟,煮制时间不宜太久。

做法

1制馅。花椒用开水浸泡,取花椒水。将猪肉洗净去筋,用刀背捶蓉,加盐、花椒水适量,搅拌直至水分全部被肉蓉吸收。然后加入姜末、葱末、胡椒粉、酱油充分搅拌均匀,直至主辅原料溶为一体,呈黏稠状为止。

2制皮。将250克面粉置于案上(另外50克做薄面),使成凹字形,加适量清水与面粉调匀。揉成团,静置10分钟后,搓成直径1.5厘米左右的圆条,再切成大小均匀的剂子。将每个剂子按扁,撒上薄面,用小擀面杖擀成直径约5厘米的圆皮。

3包馅成型。取面皮一张,把馅置其中,对叠成半月形,用力捏合即可。

4煮水饺。用大火沸水煮水饺。生饺入锅即用漏勺推动,以防粘连。水沸后掺入少量冷水,以免饺皮破裂。待饺皮发亮且浮于水面时即熟。用漏勺捞起水饺,甩干水分,分装于碗内。

5碗内调入酱油、蒜泥、红油辣椒拌匀,作为蘸料食用。

材料

面粉	300 克
肥瘦猪肉	300 克

调料

盐	5 克
葱白	5 克
胡椒粉	2 克
酱油	5 克
蒜泥	3 克
红油辣椒	5 克
香葱末	5 克
姜末	5 克
花椒	2 克

2

3

5

担担面

演变菜式:无

面条细薄,鲜美爽口,辣味不重微酸

味型:麻辣香

技法:煮

材料

| 圆细面条 | 200 克 |
| 油菜 | 20 克 |

调料

色拉油	5 克
盐酥花生碎	5 克
芽菜末	10 克
辣椒油	5 克
芝麻酱	5 克
香葱末	5 克
酱油	2 克
蒜末	2 克
熟白芝麻	2 克

名厨秘诀

1 煮面需用大火,水面要宽,等水沸腾以后才可下面,不可煮得太久。

2 油菜在沸水里氽至断生即可挑入碗内。

3 此品所需调料应根据个人口味适量加减。

做法

1 将色拉油、酱油、盐酥花生碎、辣椒油、芝麻酱、香葱末、蒜末、芽菜末放入碗中搅匀待用。

2 锅中放水烧开,将面条下锅煮熟后捞入碗中。将油菜在面汤里氽至断生捞入碗中。

3 面条根据个人口味,将适量步骤1的佐料加入碗内拌匀,再撒上熟白芝麻即可。

摆盘 面中汤汁较多,要选用汤碗盛装,上面撒上熟白芝麻和香葱末。

口蘑豆花

演变菜式:无

口蘑鲜香,豆花细嫩

味型:麻辣味

技法:煮

材料

豆花　200 克

口蘑　25 克

调料

香葱末　5 克

酱油　3 克

辣椒油　3 克

姜末　3 克

盐　2 克

熟白芝麻　2 克

名厨秘诀

在点制豆花的时候, 一定要合理地进行配比, 以防豆花过嫩不成型, 或过老影响口感。

做法

1将口蘑切成小片, 用开水汆熟, 捞出备用。

2取出新鲜的豆花, 用小勺轻轻刮出放入碗中。

3向装满豆花的碗中加辣椒油、姜末、盐、酱油、汆熟的口蘑、香葱末搅拌均匀, 最后撒上熟白芝麻即可。

摆盘 这道菜用碗盛装, 豆花盛放在下面, 上面整齐地码放上口蘑片, 并撒上香葱末和熟白芝麻。

2-1

2-2

2-3

菠饺鱼肚

演变菜式:无

色泽艳丽,鱼肚软糯

味型:咸鲜味

技法:煮

材料

材料		调料	
菠菜	200 克	盐 2 克	
鱼肚	50 克	胡椒粉 1 克	
熟鸡肉	50 克	姜末 10 克	
火腿	25 克	葱末 10 克	
高汤	500 克	酱油 1 克	
猪肉	200 克	料酒 3 克	
		鸡油 2 克	
		色拉油 5 克	

名厨秘诀

1 在制作菠饺的时候,提取菠菜汁时,菠菜在锅中不宜久煮。

2 鱼肚一定要充分涨发,以防影响口感。

做法

1 鱼肚下油锅炸透后用水泡软,去净油脂后切成3.5厘米见方、1厘米厚的片,下锅用高汤、料酒煨熟后捞起。火腿、鸡肉均片成3厘米长、2厘米宽的薄片。

2 猪肉洗净剁蓉,加酱油、葱末、姜末拌匀成馅。菠菜叶取汁入面粉内,揉面做成饺子皮,包馅煮熟待用。

3 炒锅置火上,下色拉油,放姜末、葱末炒香加入高汤烧沸,拣出姜、葱,加胡椒粉、盐后即下鱼肚、菠饺、鸡肉、火腿煮约1分钟,盛入大圆盘,菠饺镶边,淋上鸡油即成。

摆盘 此菜可作为高档的宴席菜,按位食用可用汤盅盛装,放一个菠饺、一个鱼肚即可。例上的时候,使用圆盘,中间放鱼肚,菠饺围在盘子的周边,淋汁即可。

龙抄手

演变菜式:无

皮薄、馅嫩、汤鲜

味型:咸鲜味

技法:煮

材料

面粉　300 克

鸡蛋　2 个

肥瘦猪肉馅　300 克

调料

香油　2 克

姜　3 克

胡椒粉　3 克

盐　3 克

鸡油　2 克

花椒水　2 克

3-1

3-2

4

名厨秘诀

在调制龙抄手馅的时候，一定要反复地搅打，让馅上劲儿，这样煮出来的龙抄手才能更好地成型。

摆盘 以小碗盛装，上面可用豆苗、菜心、香葱末等点缀。

做法

1 将面粉放案板上呈凹形，放少许盐，磕入鸡蛋1个，再加适量清水调匀，揉成面团。再用擀面杖擀成纸一样薄的面片，切成四指见方的抄手皮备用。

2 将肥三瘦七比例的猪肉用刀背捶蓉去筋，剁细成泥，加入盐、姜末、鸡蛋1个、胡椒粉调匀，加入适量花椒水，搅至黏稠状，加香油，拌匀备用。

3 将馅包入皮中，对叠成三角形，再把左右角向中间叠起捏合，成菱形抄手坯。然后将其煮熟。

4 碗中放入盐、胡椒粉、鸡油和原汤，捞入煮熟的抄手即成。

2

3

4

银耳醪糟

演变菜式:无

甘甜适口,醪糟味浓

味型:甜味

技法:煮

材料

小米粥　50 克

醪糟　200 克

橘子　3 个

银耳　5 克

枸杞　2 克

菠萝　10 克

白酒　2 克

调料

冰糖　3 克

名厨秘诀

1 醪糟在熬制时要加入适量的白酒,以增加其香气。

2 水果不宜在锅中久煮,应在醪糟盛入容器中后,再适量放入水果。

做法

1 将银耳放在温水里浸泡,以泡发为度,后将银耳撕成小朵状。

2 将菠萝和橘子分别去皮去瓤后切成小粒,并分别装入碗中。

3 将银耳、醪糟混合,加入小米粥、白酒和少量清水,倒入锅中。

4 小火煮10分钟后,再加入冰糖和枸杞。

5 炖至银耳细滑有黏质感的时候,关火即可。

6 盛入碗中后放入备用的菠萝和橘子,搅拌均匀即可。

摆 盘 碗装即可,汤碗选用浅淡的颜色,周边可有淡淡的花纹,醪糟中有黄色的橘子和红色的枸杞子,使得成品颜色非常艳丽。

冬菜包子

演变菜式:无

细嫩清香,色白形美,馅鲜味浓

味型:咸鲜味

技法:蒸

材料

发面　300 克

猪肉　300 克

冬菜嫩尖　125 克

调料

苏打粉　2 克

酱油　3 克

盐　3 克

料酒　2 克

胡椒粉　1 克

姜末　5 克

香葱末　10 克

白糖　3 克

香油　1 克

色拉油　5 克

3-1

3-2

3-3

名厨秘诀

冬菜包子非常讲究造型,所以在包制的时候,提褶的部分一定要均匀,封口要紧实,以防漏油。

摆盘——一般使用圆蒸笼作为盛器,或者以例上分吃的形式,以小蒸笼或小盘、小碗盛装,底下最好垫上蔬菜叶或者胡萝卜片,以防粘连。

做法

1 将猪肉剁碎。冬菜洗净切成细末。

2 锅内色拉油烧到5成热,放猪肉末炒制,再加入料酒、冬菜末、姜末,炒匀装盆,加盐、白糖、酱油、胡椒粉、香油、香葱末,拌匀备用。

3 发面兑好苏打粉搓成长条,揪成剂子,按扁擀成面皮,包入肉馅,掐花边封口,上笼大火蒸15分钟即可。

○	○	○	咸度
○	○	○	麻度
○	○	○	辣度
●	●	○	甜度
○	○	○	酸度

三大炮

演变菜式:无

软糯香甜、不腻不粘又化渣

味型:甜味

技法:蒸

　　四川省成都市的"三大炮"在小吃王国里是最有口碑的了,属表演型的美食。每到传统的青羊宫花会就会热闹非凡。此时,也是"三大炮"大显身手的时候。放一张大的木板,上面摆12个铜盘,两两相叠。下面放着一口热气腾腾的大锅,里面装着煮好、又用木槌春蓉的糯米饭。只见一个身强力壮的大汉,不断地从锅里扯出一把糯米饭糍粞粑,分摘三坨,有节奏地打钵出来。糍粑从木板中弹跳而过,跃进放于木板上方装有黄豆面的簸箕内,发出"砰、砰、砰"三响,如炮声然。然后从簸箕内把糍粑团每3个拣为一盘,浇上红糖汁,撒上熟芝麻,即为"三大炮"。

名厨秘诀

1 糯米浸泡时间要长,要将米粒充分泡发。

2 蒸制时火力要大,蒸制过程中要不断洒适量水,让糯米不断地吸收水分。

3 春制时要先加适量的沸水浸润,春至米饭较蓉时才能分摘。

做法

1 将糯米淘洗干净,浸泡12小时,再淘洗后,倒入蒸笼中,用大火蒸制,中间洒一两次水,蒸熟后倒在木桶内,掺入开水适量,盖上盖,待水分进入米内后,用木棒春蓉,即成糍粑坯料。

2 将红糖放入100克清水中,熬制糖汁。再把白芝麻炒熟,磨成细粉。

3 把糍粑坯料分成几等份,再把每份分成3坨,连续甩向木盘,发出三响而弹入装有黄豆面的簸箕内,使每坨都均匀地裹上黄豆粉,再淋上糖汁,撒上白芝麻即可。

材料

糯米	200 克
红糖	50 克
黄豆面	50 克

调料

白芝麻	20 克

3-1

3-2

3-3

2-1

2-2

3

叶儿粑

演变菜式：无

色泽美观，软硬适度，滋润爽口，清鲜香甜，糯而不黏

味型：香糯

技法：蒸

材料

糯米粉　200克

熟白芝麻　20克

核桃仁　20克

瓜条　20克

面粉　5克

新鲜竹叶　数张

色拉油　10克

调料

白糖　100克

名厨秘诀

1 糯米粉要磨细，揉时加水要适量，以揉至手感细滑为度。

2 竹叶要先用开水烫过，包粑时叶上抹适量色拉油。

3 食用时要咸、甜同上，馅心也可用玫瑰、豆沙、枣泥、桂花、腌肉、香肠、火腿等原料配制。

4 竹叶也可以新鲜玉米叶、芭蕉叶代替。

5 还可用猪肉、芽菜制成咸馅。

做法

1 核桃仁用油稍炸后与瓜条切碎，加白糖、熟白芝麻、色拉油、面粉揉成汤圆馅。

2 糯米粉用温水和好，均分15份，做成面团，取汤圆馅包好，搓成长条形状。

3 竹叶用开水烫过，放入凉水中浸透，取出，沥干水分，同样切成长条形状，分别将糯米粉团包好，蒸制20分钟即可。

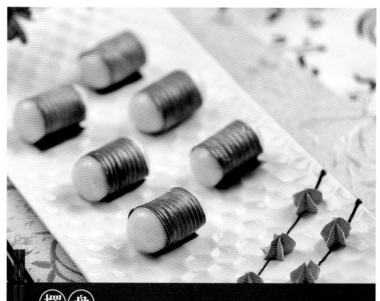

摆盘 使用圆笼均匀地摆放其中，底下可以垫上花纸，以防粘连，也可以位上的形式摆放在单独的盛器当中。

红糖糍粑

演变菜式:无

软糯香甜

味型:甜糯

技法:蒸、煎

材料

糯米　200 克

调料

红糖　适量

色拉油　500 克(约耗 50 克)

红辣椒　1 个

名厨秘诀

1糯米蒸制前需提前用清水浸泡,让糯米充分吸收水分,这样蒸出来的糯米才能更加软糯。

2捣糯米的时候,一定要不停搅动,这样可搅拌均匀。

做法

1糯米用清水浸泡约2个小时,上锅蒸40分钟,制成糯米饭,倒入容器中不停地搅动,制成糍粑。

2将糍粑切成小条块。

3往锅里倒入油后转成小火,用红辣椒试一下油温,放入糍粑半煎半炸。

4将糍粑煎至金黄,翻过来再煎炸另一面,煎至金黄色后捞出。

5另起锅,留底油加入适量红糖炒制。

6倒入少量清水,煮至糖浆浓稠,糍粑软糯即可。

摆盘 用长条盘将糍粑以叠的方式码放盘中,也可以位上的形式体现。

咸度	○○○
麻度	○○○
辣度	○○○
甜度	●●○
酸度	○○○

赖汤圆

演变菜式:无

色白光滑,软硬适度,入口软糯,香甜可口

味型:甜糯

技法:煮

　　相传,赖汤圆是由清末时期的赖源鑫所经营的。由于他父病母亡,就跟着堂兄来到成都一家饮食店当学徒,后来因得罪老板被辞退,迫于生计他找堂兄借了几块大洋,卖起了汤圆。到20世纪30年代买了间店铺,取名赖汤圆。他的汤圆选料精、做工细、物美价廉。有"煮时不浑汤,吃时三不粘"的特点。通过一段时间的努力经营,品种不断增多,风味也更独特了。于是顾客都慕名而来,随之,赖汤圆的名气也大了起来。

名厨秘诀

1包制汤圆时要制成大小均匀的馅心,汤圆一定要封口紧实,以防在煮制时有露馅现象。

2煮汤圆的时候火力应适中,不宜过大,火力过大易把汤圆冲烂。

做法

1核桃仁切碎,再与白糖、面粉、黑芝麻、猪油一起和匀。

2然后拍成厚片,再切成方丁,做成馅心。

3糯米粉放入盆内,加清水反复搓揉均匀,把和好的汤圆面揪成剂子,包进馅心,再搓成圆球形。

4包制汤圆的过程中,应注意面皮薄厚要均匀,不得露馅,大小也要均匀。

5把锅里的水烧开后将汤圆逐个放入,此时火力应适中,用小勺推转。水烧开时加入少量冷水,如此翻滚一两次,就煮熟了。

6盛出以后连汤一起盛装在碗内,直接食用或根据自己的口味配制糖味碟等蘸用。

材料

糯米粉　500克

调料

猪油　35克

核桃仁　10克

黑芝麻　50克

面粉　20克

白糖　100克

3-1

3-2

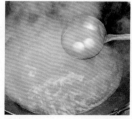

5

四川火锅的制作方法

1 熬制汤底。选用上好的黄油鸡、肘子、龙骨、牛棒骨作为汤底，加入清水，上锅烧开。

2 底料炒制。另起锅，郫县豆瓣酱加上牛油、菜籽油和自制红油，上锅炒香之后加入辣椒面继续熬制，至颜色红亮之后，倒入汤锅中一同炖煮。

3 火锅汤制作。加入干红辣椒、花椒、醪糟、豆豉以及香料（八角、桂皮、香叶、草果、小茴香等），经过8个小时的熬煮，待原材料中的鲜味融入到汤汁中，而且辣椒、花椒以及郫县豆瓣酱、醪糟的特殊香气也融入到汤中后，火锅汤就基本熬制成功了。

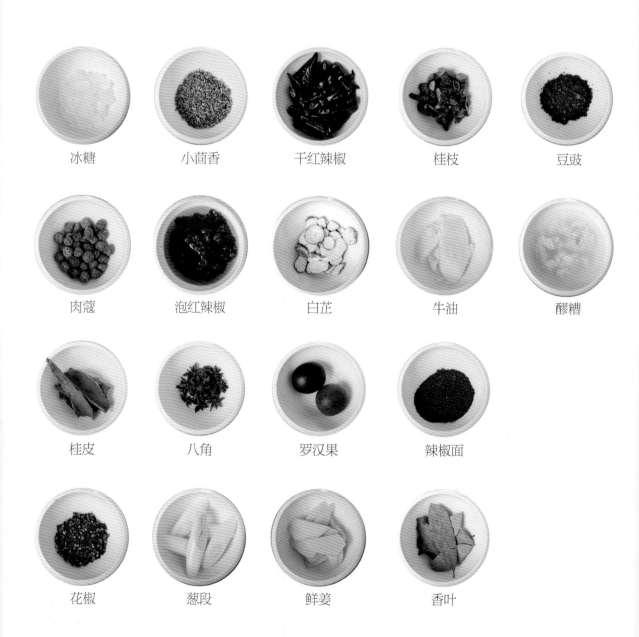

冰糖	小茴香	干红辣椒	桂枝	豆豉
肉蔻	泡红辣椒	白芷	牛油	醪糟
桂皮	八角	罗汉果	辣椒面	
花椒	葱段	鲜姜	香叶	

4烫煮食材。将食材分别洗净，切好后整齐地码放在盘中，在食用的时候，把原汤舀出来，撇去残渣，把汤倒入火锅中烧开，就可以烫煮各种食材食用了。

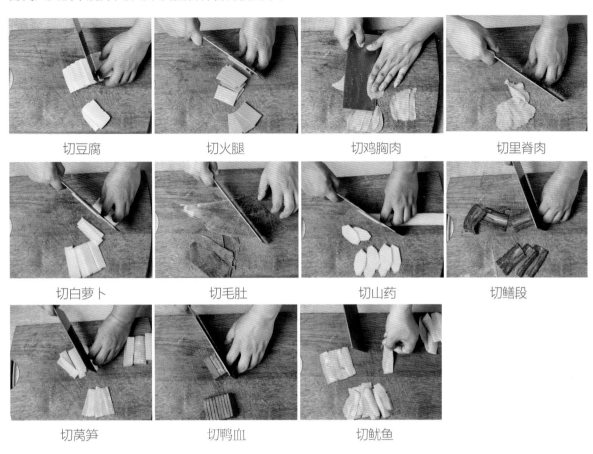

| 切豆腐 | 切火腿 | 切鸡胸肉 | 切里脊肉 |

| 切白萝卜 | 切毛肚 | 切山药 | 切鳝段 |

| 切莴笋 | 切鸭血 | 切鱿鱼 |

5制作蒜泥。因为火锅汤比较油腻，可以将蒜泥、盐、香油放在一起搅拌均匀调成蒜泥碟，然后用烫煮的各种原料去蘸食，可以起到去辣解腻的作用。

图书在版编目 (CIP) 数据

金牌川菜 / 郝振江著. -- 南京：江苏凤凰科学技术出版社，2016.4（2018.5重印）
（汉竹·健康爱家系列）
ISBN 978-7-5537-5692-9

Ⅰ.①金… Ⅱ.①郝… Ⅲ.①川菜－菜谱 Ⅳ.①TS972.182.71

中国版本图书馆CIP数据核字(2015)第275304号

中国健康生活图书实力品牌

金牌川菜

著　　　者	郝振江	
主　　　编	汉　竹	
责 任 编 辑	刘玉锋	
特 邀 编 辑	武梅梅　李姣姣　冯旭梅　尤竞爽　宋书新	
责 任 校 对	郝慧华	
责 任 监 制	曹叶平　方　晨	

出 版 发 行	江苏凤凰科学技术出版社
出版社地址	南京市湖南路1号A楼，邮编：210009
出版社网址	http://www.pspress.cn
印　　　刷	南京新世纪联盟印务有限公司

开　　　本	787 mm×1 092 mm　1/16
印　　　张	14
字　　　数	100 000
版　　　次	2016年4月第1版
印　　　次	2018年5月第5次印刷

标 准 书 号	ISBN 978-7-5537-5692-9
定　　　价	58.00元

图书如有印装质量问题，可向我社出版科调换。